PREFACE 머리말

실무에 강한 소방안전관리자로 가는 첫걸음

현대 사회의 복잡하고 밀집된 환경으로 인해 화재에 따른 인명·재산 피해의 위험성도 급증하고 있습니다. 이러한 환경적 변화에 따라, 화재를 예방하고 발생 시 신속하고 정확하게 대응할 수 있는 소방안전관리자의 역할은 그 어느 때보다 중요해졌습니다.

소방안전관리자 2급 자격시험은 「화재의 예방 및 안전관리에 관한 법률」에 근거하여, 일정 규모 이상의 건축물에서 화재 예방 및 초기 대응 업무를 수행할 수 있는 전문 인력을 양성하기 위해 마련된 제도입니다. 단순한 자격증이 아닌, 현장 대응 능력과 법적 지식, 시설 이해도를 모두 요구하는 실무형 시험인 만큼, 이를 준비하는 학습자에게는 명확한 개념 정리와 문제에 대한 체계적 접근방식이 필요합니다.

이 책은 한국소방안전원의 공식 교재를 바탕으로 하여, 소방안전관리자 제도의 이해부터 소방시설의 종류 및 설치 기준, 화재 시의 대응 요령과 피난 유도 방법 등 시험에 출제되는 핵심 내용을 요약하여 수록하였습니다. 특히 2025년 개정된 관련 법령과 제도를 충실히 반영하여, 최신 기준에 맞춘 완성도 높은 학습이 가능하도록 구성하였습니다.

또한, 본 교재는 핵심요약을 바탕으로, 실제 출제 경향과 다양한 유형의 시각자료를 반영한 과년도 문제 분석 및 해설을 함께 구성하여, 문제 유형에 대한 실전 감각을 익히도록 도와줍니다.

이 책은 다음과 같은 점에 중점을 두어 제작되었습니다.

> 1. 최신 개정사항 반영 : 2025년 법령 개정 내용을 꼼꼼하게 학습할 수 있습니다.
> 2. 문제 중심 학습 : 출제 빈도가 높은 유형의 문제들로 구성하여, 왜 정답인지 명확한 학습이 가능합니다.
> 3. 실전 대비 학습법 제시 : 반복 학습과 핵심 요점 정리를 통해 단기간에 학습 효과를 극대화할 수 있습니다.

공부는 단거리 달리기가 아닌 마라톤입니다. 조급해하지 말고, 매일 한 페이지씩 정직하게 공부해 나간다면 반드시 '합격'이라는 목표에 도달할 수 있을 것입니다. 끝으로, 이 책이 여러분의 합격에 실질적인 도움이 되기를 바라며, 나아가 우리 사회의 안전을 지키는 든든한 소방안전관리자로 성장하는 데 작은 디딤돌이 될 수 있기를 진심으로 기원합니다.

편저자 김연진

GUIDE 소방안전관리자 2급 시험안내

1 소방안전관리자란?

소방안전관리자는 『화재의 예방 및 안전관리에 관한 법률』에 따라 다음의 업무를 수행한다.
- 피난계획에 관한 사항과 대통령령으로 정하는 사항이 포함된 소방계획서의 작성 및 시행
- 자위소방대 및 초기대응체계의 구성, 운영 및 교육
- 피난시설, 방화구획 및 방화시설의 관리
- 소방시설이나 그 밖의 소방 관련 시설의 관리
- 소방훈련 및 교육
- 화기 취급의 감독
- 소방안전관리에 관한 업무수행에 관한 기록·유지
- 화재 발생 시 초기대응
- 그 밖에 소방안전관리에 필요한 업무

2 응시자격

- 특급, 1급, 2급 또는 공공기관 소방안전관리대상물의 소방안전관리에 대한 강습교육을 수료한 사람
- 건축사·산업안전기사·산업안전산업기사·건축기사·건축산업기사·일반기계기사·전기기능장·전기기사·전기산업기사·전기공사기사·전기공사산업기사·건설안전기사 또는 건설안전산업기사 자격을 가진 사람
- 특급 또는 1급 소방안전관리대상물의 소방안전관리자 시험응시 자격이 인정되는 사람

※ 자세한 내용은 한국소방안전원(www.kfsi.or.kr) 홈페이지에서 확인 가능

3 응시원서 접수방법 등

(1) 접수방법

구분	시험 접수방법	
강습교육 수료자 또는 재시험 접수 희망자	별도의 "응시자격심사" 절차 없이 시험접수 가능 (방문접수 또는 인터넷접수 가능)	
학력, 경력, 자격 등의 응시자격으로 최초 시험접수 희망자	방문 접수	응시자격(증빙서류) 심사 후 시험접수 진행 ※ 단, 접수예정 또는 마감된 시험일정에는 접수할 수 없음
	인터넷 접수	① "응시자격심사" 신청(증빙서류 첨부) ② "응시자격심사" 승인 이후 시험접수 가능 　 (방문 또는 인터넷접수 가능)

※ 시험접수는 선착순 접수이므로 접수예정 또는 마감된 시험일정에는 접수할 수 없음
※ 방문접수는 토요일, 일요일, 공휴일 등을 제외한 근무일(09:00~18:00)만 가능

(2) 제출서류 및 응시수수료

기본 제출서류	① 시험응시원서　　＊ 방문 접수 시 신분증 지참 ② 증명사진(3.5cm×4.5cm) ③ 응시자격 서류심사 신청서 ④ 응시자격 증명서류 ※ ③, ④는 학력, 경력, 자격 등의 응시자격으로 최초 시험접수를 하는 경우에 한함
응시수수료	① 특급 : 제1차 18,000원 / 제2차 24,000원 ② 1・2・3급 : 12,000원

4 시험방법 및 시간

시험방법	배점	문항수	시간
객관식 (선택형, 4지 선택)	1문제 4점	50문항 (과목별 25문항)	1시간 (60분)

5 시험과목

구분	1과목	2과목
2급	• 소방안전관리자 제도 • 소방관계법령(건축관계법령 포함) • 소방학개론 • 화기취급감독 및 화재위험작업 허가・관리 • 위험물・전기・가스 안전관리 • 피난시설, 방화구획 및 방화시설의 관리 • 소방시설의 종류 및 기준 • 소방시설(소화설비, 경보설비, 피난구조설비)의 구조	• 소방시설(소화설비, 경보설비, 피난구조설비)의 점검・실습・평가 • 소방계획 수립 이론・실습・평가(화재안전취약자의 피난계획 등 포함) • 자위소방대 및 초기대응체계 구성 등 이론・실습・평가 • 작동기능점검표 작성 실습・평가 • 응급처치 이론・실습・평가 • 소방안전 교육 및 훈련 이론・실습・평가 • 화재 시 초기대응 및 피난 실습・평가 • 업무수행기록의 작성・유지 실습・평가

6 합격자 결정 및 발표

합격자 결정	매 과목 100점을 만점으로 하여 매 과목 40점 이상, 전 과목 평균 70점 이상 득점한 사람
합격자 발표	시험을 종료한 날로부터 30일 이내에 인터넷 홈페이지 또는 시・도지부 게시판 등에서 확인 가능

GUIDE 구성과 특징

STEP 1

1 합격비법 핵심 포인트 30

2 8개년 기출복원문제

3 최빈출 기출 30제

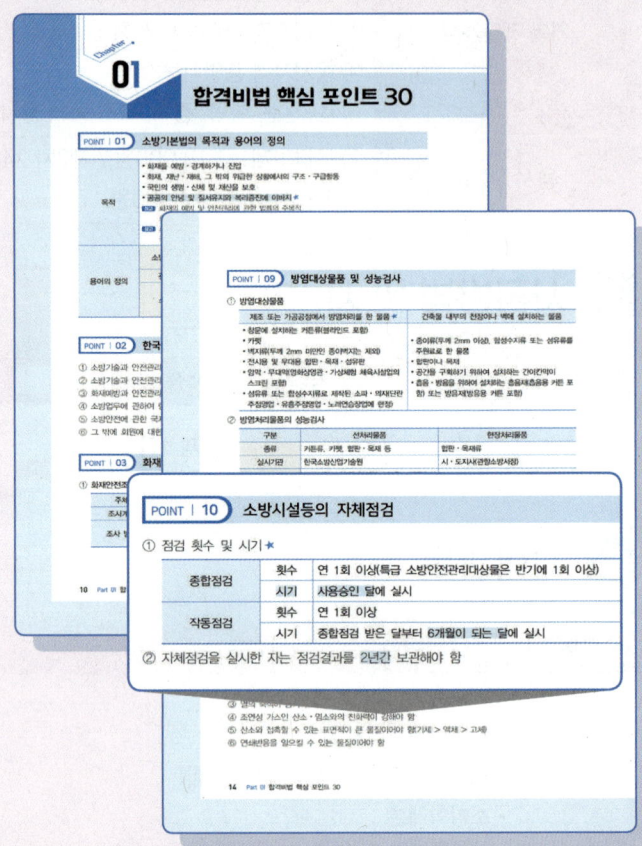

☑ **핵심이론 정리**
복잡한 이론은 정리하고, 시험에 자주 출제되는 핵심 개념만 쏙쏙 모아서 정리하였습니다.

☑ **가독성을 높인 도식화된 구성**
깔끔하게 도식화된 구성으로 가독성을 높이고 단기간에 빠르게 이해하고 암기할 수 있도록 구성하였습니다.

STEP 2

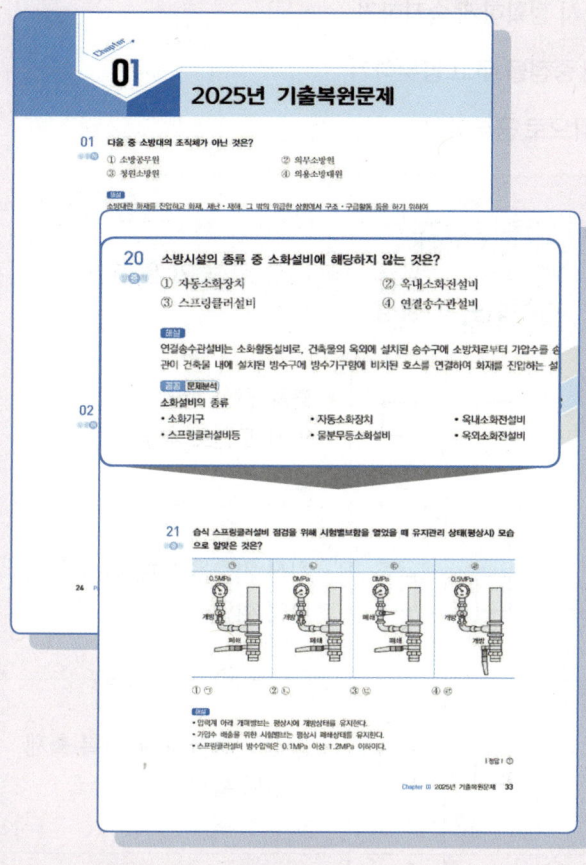

✅ 8개년 기출복원문제
2025년~2018년까지 총 8개년의 기출복원문제를 통해 기출유형 및 출제경향을 파악할 수 있습니다.

✅ 난이도 표시 및 상세한 해설
문항별 난이도 표시와 핵심 개념을 한번 더 짚어주는 꼼꼼하고 상세한 해설을 통해 전략적이고 효율적인 학습이 가능합니다.

STEP 3

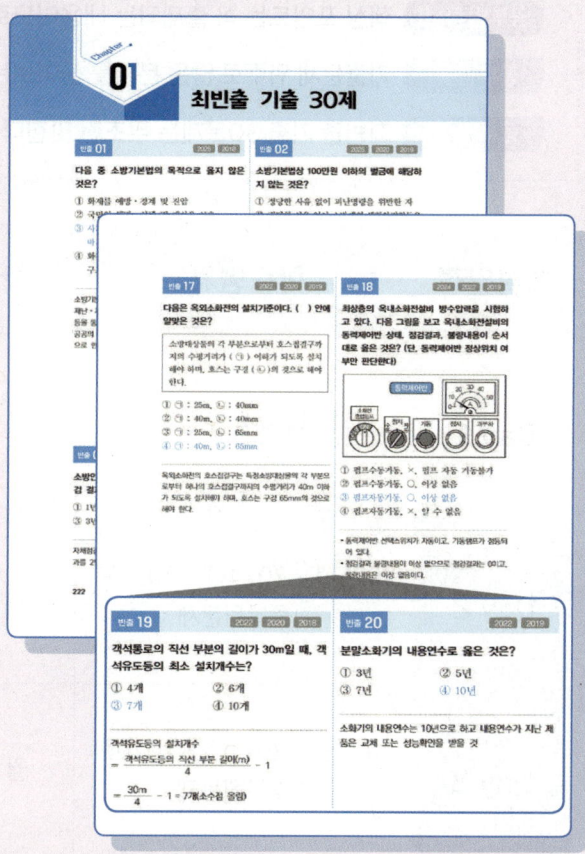

✅ 최빈출 기출 30문제 선별
실제 시험에 출제된 문제 중 출제 비율이 높은 30문제만 선별하여 마무리 정리가 가능합니다.

✅ 시험 직전 점검용으로 최적화된 구성
간단한 해설과 한눈에 보이는 정답으로 시험 직전 최종 점검용으로 활용할 수 있게 구성하였습니다.

GUIDE 소방안전관리자 2급 합격플래너

소방안전관리자 2급 "5일 완성" 합격플랜

- **공부법 하나!** 핵심 포인트는 꼭 출제되는 내용이므로 반드시 정확하게 숙지하기
- **공부법 둘!** 기출문제 위주로 많은 문제를 풀어보는 것에 중점을 두고 공부하기
- **공부법 셋!** 최빈출 기출 30문제는 무조건 맞힌다는 생각으로 공부하기

계획일정	학습범위	학습일	Check 추가학습	Check 최종점검	오늘의 목표
Day 1	합격비법 핵심 포인트 30	월 일	☐	☐	• 출제 경향 파악 • 암기 포인트 추출
Day 2	2025년 · 2024년 · 2023년 기출복원문제	월 일	☐	☐	• 최신 기출을 통해 최신 출제 유형 확인
Day 3	2022년 · 2021년 · 2020년 기출복원문제	월 일	☐	☐	• 중간 기출을 통해 반복 출제 포인트 확인
Day 4	2019년 · 2018년 기출복원문제 + 최빈출 기출 30제	월 일	☐	☐	• 8개년 마무리 + 출제패턴 구조화 • 반복 출제문제 점검 및 실전 감각 향상
Day 5	전 범위 복습 + 마무리 암기 ※ 1회 · 2회 실전모의고사	월 일	☐	☐	• 전체 구조 정리 • 약점 보완 및 최종 마무리 점검

CONTENTS 목차

PART 01 합격비법 핵심 포인트 30

| 01 | 합격비법 핵심 포인트 30 | 10 |

PART 02 8개년 기출복원문제(2025년~2018년)

01	2025년 기출복원문제	24
02	2024년 기출복원문제	51
03	2023년 기출복원문제	80
04	2022년 기출복원문제	107
05	2021년 기출복원문제	129
06	2020년 기출복원문제	153
07	2019년 기출복원문제	175
08	2018년 기출복원문제	197

PART 03 최빈출 기출 30제

| 01 | 최빈출 기출 30제 | 222 |

소방안전관리자 2급 8개년 기출문제집

합격까지 박문각

PART 01

합격비법 핵심 포인트 30

합격비법 핵심 포인트 30

POINT 01 소방기본법의 목적과 용어의 정의

목적	• 화재를 예방·경계하거나 진압 • 화재, 재난·재해, 그 밖의 위급한 상황에서의 구조·구급활동 • 국민의 생명·신체 및 재산을 보호 • 공공의 안녕 및 질서유지와 복리증진에 이바지 ★ 참고 화재의 예방 및 안전관리에 관한 법률의 주목적 　　 화재로부터 국민의 생명·신체, 재산을 보호하고 공공의 안전과 복리증진에 이바지함 참고 소방시설 설치 및 관리에 관한 법률의 주목적 　　 국민의 생명·신체, 재산을 보호하고 공공의 안전과 복리증진에 이바지함	
용어의 정의	소방대상물	건축물, 차량, 선박(항구에 매어둔 선박만 해당), 선박 건조 구조물, 산림 그 밖의 인공 구조물 또는 물건 ★
	관계인	소방대상물의 소유자, 관리자 또는 점유자
	소방대	• 소방공무원 • 의무소방원 • 의용소방대원

POINT 02 한국소방안전원의 업무

① 소방기술과 안전관리에 관한 교육 및 조사·연구
② 소방기술과 안전관리에 관한 각종 간행물 발간
③ 화재예방과 안전관리의식 고취를 위한 대국민 홍보
④ 소방업무에 관하여 행정기관이 위탁하는 업무
⑤ 소방안전에 관한 국제협력
⑥ 그 밖에 회원에 대한 기술지원 등 정관으로 정하는 사항

POINT 03 화재안전조사

① 화재안전조사

주체	소방관서장	
조사계획	소방관서장은 조사계획을 7일 이상 공개해야 함	
조사 방법	종합조사	화재안전조사 항목 전부를 확인하는 조사
	부분조사	화재안전조사 항목 중 일부를 확인하는 조사

② 화재안전조사 결과에 따른 조치명령

명령권자	소방관서장(소방청장·소방본부장·소방서장)
명령사항	• 소방대상물의 개수·이전·제거 ★ • 사용폐쇄 • 사용의 금지 또는 제한 • 공사의 정지 또는 중지

POINT | 04 화재예방강화지구

지정권자	시·도지사
지정지역 ★	• 시장지역 • 공장·창고, 목조건물, 노후·불량건축물, 위험물의 저장 및 처리시설이 밀집한 지역 • 석유화학제품을 생산하는 공장이 있는 지역 • 산업단지 및 물류단지 • 소방시설·소방용수시설 또는 소방출동로가 없는 지역

POINT | 05 소방안전관리(보조)자를 두어야 하는 선임대상물, 선임자격 및 선임인원

① 특급 소방안전관리대상물 ★

선임대상물	• 50층 이상(지하층은 제외)이거나 지상으로부터 높이가 200m 이상인 아파트 • 30층 이상(지하층을 포함)이거나 지상으로부터 높이가 120m 이상인 특정소방대상물(아파트는 제외) • 연면적 10만㎡ 이상인 특정소방대상물(아파트는 제외)
선임자격	• 소방기술사 또는 소방시설관리사의 자격이 있는 사람 • 소방설비기사의 자격을 취득한 후 5년 이상 1급 소방안전관리대상물의 소방안전관리자로 근무한 실무경력이 있는 사람 • 소방설비산업기사의 자격을 취득한 후 7년 이상 1급 소방안전관리대상물의 소방안전관리자로 근무한 실무경력이 있는 사람 • 소방공무원으로 20년 이상 근무한 경력이 있는 사람 • 소방청장이 실시하는 특급 소방안전관리대상물의 소방안전관리에 관한 시험에 합격한 사람
선임인원	1명 이상

② 1급 소방안전관리대상물 ★★

선임대상물	• 30층 이상(지하층은 제외)이거나 지상으로부터 높이가 120m 이상인 아파트 • 연면적 15,000㎡ 이상인 특정소방대상물(아파트 및 연립주택은 제외) • 지상층의 층수가 11층 이상인 특정소방대상물(아파트는 제외) • 가연성 가스를 1,000톤 이상 저장·취급하는 시설
선임자격	• 소방설비기사 또는 소방설비산업기사의 자격이 있는 사람 • 소방공무원으로 7년 이상 근무한 경력이 있는 사람 • 소방청장이 실시하는 1급 소방안전관리대상물의 소방안전관리에 관한 시험에 합격한 사람
선임인원	1명 이상

③ 2급 소방안전관리대상물

선임대상물	• 옥내소화전설비, 스프링클러설비, 물분무등소화설비(호스릴방식 제외)를 설치해야 하는 특정소방대상물 • 가스 제조설비를 갖추고 도시가스사업의 허가를 받아야 하는 시설 또는 가연성 가스를 100톤 이상 1,000톤 미만 저장·취급하는 시설 • 지하구 • 공동주택(옥내소화전설비 또는 스프링클러설비가 설치된 공동주택으로 한정) • 보물 또는 국보로 지정된 목조건축물
선임자격	• 위험물기능장·위험물산업기사 또는 위험물기능사 자격이 있는 사람 • 소방공무원으로 3년 이상 근무한 경력이 있는 사람 • 소방청장이 실시하는 2급 소방안전관리대상물의 소방안전관리에 관한 시험에 합격한 사람 • 소방안전관리자로 선임된 사람(소방안전관리자로 선임된 기간으로 한정)
선임인원	1명 이상

④ 3급 소방안전관리대상물

선임대상물	특급, 1급, 2급 소방안전관리대상물을 제외한 특정소방대상물 중 간이스프링클러설비(주택전용 간이스프링클러설비 제외) 또는 자동화재탐지설비를 설치해야 하는 특정소방대상물
선임자격	• 소방공무원으로 1년 이상 근무한 경력이 있는 사람 • 소방청장이 실시하는 3급 소방안전관리대상물의 소방안전관리에 관한 시험에 합격한 사람 • 소방안전관리자로 선임된 사람(소방안전관리자로 선임된 기간으로 한정)
선임인원	1명 이상

⑤ 소방안전관리보조자 선임대상물

선임대상물	• 아파트 중 300세대 이상인 아파트
	• 연면적이 15,000m^2 이상인 특정소방대상물(아파트 및 연립주택은 제외)
	• 위의 특정소방대상물을 제외한 특정소방대상물 중 다음의 어느 하나에 해당하는 특정소방대상물
	  - 공동주택 중 기숙사
	  - 의료시설
	  - 노유자 시설
	  - 수련시설
	  - 숙박시설(숙박시설로 사용되는 바닥면적의 합계가 1,500m^2 미만이고 관계인이 24시간 상시 근무하고 있는 숙박시설은 제외)

POINT | 06   소방안전관리자의 선임신고

선임	소방안전관리대상물의 관계인은 소방안전관리(보조)자를 30일 이내에 선임해야 함
선임신고 등	소방안전관리자 또는 소방안전관리보조자를 선임한 경우에는 행정안전부령으로 정하는 바에 따라 선임한 날부터 14일 이내에서 소방본부장 또는 소방서장에게 신고하여야 함

POINT | 07　벌칙

5년 이하의 징역 또는 5천만원 이하의 벌금★★	• 위력을 사용하여 출동한 소방대의 화재진압·인명구조 또는 구급활동을 방해하는 행위를 한 사람 • 소방대가 화재진압·인명구조 또는 구급활동을 위하여 현장에 출동하거나 현장에 출입하는 것을 고의로 방해하는 행위를 한 사람 • 출동한 소방대원에게 폭행 또는 협박을 행사하여 화재진압·인명구조 또는 구급활동을 방해하는 행위를 한 사람 • 출동한 소방대의 소방장비를 파손하거나 그 효용을 해하여 화재진압·인명구조 또는 구급활동을 방해하는 행위를 한 사람 • 소방자동차의 출동을 방해한 사람 • 정당한 사유 없이 소방용수시설 또는 비상소화장치를 사용하거나 소방용수시설 또는 비상소화장치의 효용을 해치거나 그 정당한 사용을 방해한 사람
3년 이하의 징역 또는 3천만원 이하의 벌금	• 화재가 발생하거나 불이 번질 우려가 있는 소방대상물 및 토지를 일시적으로 사용하거나 그 사용의 제한 또는 소방활동에 필요한 처분을 방해한 자 또는 정당한 사유 없이 그 처분에 따르지 아니한 자 • 화재안전조사 결과에 따른 조치명령을 정당한 사유 없이 위반한 자 • 화재예방안전진단 결과에 따른 보수·보강 등의 조치명령을 정당한 사유 없이 위반한 자
100만원 이하의 벌금	• 정당한 사유 없이 소방대의 생활안전활동을 방해한 자 • 정당한 사유 없이 소방대가 현장에 도착할 때까지 사람을 구출하는 조치 또는 불을 끄거나 불이 번지지 아니하도록 하는 조치를 하지 아니한 사람
100만원 이하의 과태료	소방자동차 전용구역에 차를 주차하거나 전용구역에의 진입을 가로막는 등의 방해행위를 한 자
20만원 이하의 과태료	다음의 지역 또는 장소에서 화재로 오인할 만한 우려가 있는 불을 피우거나 연막 소독을 하려는 자가 신고를 하지 아니하여 소방자동차를 출동하게 한 자 • 시장지역 • 공장·창고, 목조건물, 위험물의 저장 및 처리시설이 밀집한 지역 • 석유화학제품을 생산하는 공장이 있는 지역 • 그 밖에 시·도의 조례로 정하는 지역 또는 장소

POINT | 08　무창층과 피난층

무창층★	지상층 중 다음 요건을 모두 갖춘 개구부의 면적의 합계가 해당 층의 바닥면적의 30분의 1 이하가 되는 층 • 크기는 지름 50cm 이상의 원이 통과할 수 있을 것 • 해당 층의 바닥면으로부터 개구부 밑부분까지의 높이가 1.2m 이내일 것 • 도로 또는 차량이 진입할 수 있는 빈터를 향할 것 • 화재 시 건축물로부터 쉽게 피난할 수 있도록 창살이나 그 밖의 장애물이 설치되지 않을 것 • 내부 또는 외부에서 쉽게 부수거나 열 수 있을 것
피난층	곧바로 지상으로 갈 수 있는 출입구가 있는 층

POINT | 09　방염대상물품 및 성능검사

① 방염대상물품

제조 또는 가공공정에서 방염처리를 한 물품 ★	건축물 내부의 천장이나 벽에 설치하는 물품
• 창문에 설치하는 커튼류(블라인드 포함) • 카펫 • 벽지류(두께 2mm 미만인 종이벽지는 제외) • 전시용 및 무대용 합판·목재·섬유판 • 암막·무대막(영화상영관·가상체험 체육시설업의 스크린 포함) • 섬유류 또는 합성수지류로 제작된 소파·의자(단란주점영업·유흥주점영업·노래연습장업에 한정)	• 종이류(두께 2mm 이상), 합성수지류 또는 섬유류를 주원료로 한 물품 • 합판이나 목재 • 공간을 구획하기 위하여 설치하는 간이칸막이 • 흡음·방음을 위하여 설치하는 흡음재(흡음용 커튼 포함) 또는 방음재(방음용 커튼 포함)

② 방염처리물품의 성능검사

구분	선처리물품	현장처리물품
종류	커튼류, 카펫, 합판·목재 등	합판·목재류
실시기관	한국소방산업기술원	시·도지사(관할소방서장)
검사방법	검사신청 수량 중 일정한 수량을 표본추출하여 실시	일정한 크기·수량의 표본을 제출받아 실시
합격표시	방염성능검사 합격표시 부착	방염성능검사 확인표시 부착

POINT | 10　소방시설등의 자체점검

① 점검 횟수 및 시기 ★

종합점검	횟수	연 1회 이상(특급 소방안전관리대상물은 반기에 1회 이상)
	시기	사용승인 달에 실시
작동점검	횟수	연 1회 이상
	시기	종합점검 받은 달부터 6개월이 되는 달에 실시

② 자체점검을 실시한 자는 점검결과를 2년간 보관해야 함

POINT | 11　가연물의 구비조건

① 화학반응을 일으킬 때 필요한 활성화에너지(최소 점화에너지)의 값이 작아야 함
② 일반적으로 산화되기 쉬운 물질로서 산소와 결합할 때 발열량이 커야 함
③ 열의 축적이 용이하도록 열전도도가 작아야 함
④ 조연성 가스인 산소·염소와의 친화력이 강해야 함
⑤ 산소와 접촉할 수 있는 표면적이 큰 물질이어야 함(기체 > 액체 > 고체)
⑥ 연쇄반응을 일으킬 수 있는 물질이어야 함

POINT 12 화재의 분류

종류	기준	소화방법
일반화재 (A급화재)	나무, 섬유, 종이, 고무, 플라스틱류와 같은 일반 가연물이 타고 나서 재가 남는 화재	냉각소화
유류화재 (B급화재)	인화성 액체, 가연성 액체, 오일, 알코올 및 인화성 가스와 같은 유류가 타고 나서 재가 남지 않는 화재	질식·냉각소화
전기화재 (C급화재)	전류가 흐르고 있는 전기기기, 배선과 관련된 화재	이산화탄소, 분말소화약제
주방화재 (K급화재)	주방에서 동식물유를 취급하는 조리기구에서 일어나는 화재	비누화작용 및 냉각작용 동시에 필요
금속화재 (D급화재)	마그네슘 합금 등 가연성 금속에서 일어나는 화재	금속화재용 분말소화약제, 마른모래(건조사)

POINT 13 제4류 위험물의 공통성질 및 전기화재의 원인

제4류 위험물의 공통성질	전기화재의 원인
• 인화하기 쉬움 • 증기는 대부분 공기보다 무거움 • 증기는 공기와 혼합되어 연소·폭발함 • 착화온도가 낮은 것은 위험함 • 대부분 물보다 가볍고 물에 녹지 않음	• 전선의 합선(단락)에 의한 발화 • 누전에 의한 발화 • 과전류(과부하)에 의한 발화 • 규격미달의 전선 또는 전기기계기구 등의 과열, 배선 및 전기기계기구 등의 절연불량 또는 정전기로부터의 불꽃

POINT 14 연료가스의 종류와 특성

구분	액화석유가스(LPG)	액화천연가스(LNG)
주성분	프로판(C_3H_8), 부탄(C_4H_{10})	메탄(CH_4)
용도	가정용, 공업용, 자동차 연료용	도시가스
비중	1.5~2(누출 시 낮은 곳에 체류)	0.6(누출 시 천장 쪽에 체류)
폭발범위	• 프로판 : 2.1~9.5% • 부탄 : 1.8~8.4%	5~15%

POINT | 15   소화기

① 소화기 종류별 능력단위 및 보행거리 ★

종류		능력단위	보행거리 ★
소형소화기		1단위 이상	20m 이내
대형소화기	A급	10단위 이상	30m 이내
	B급	20단위 이상	

② 소화기의 내용연수

소화기의 내용연수는 10년으로 하고 내용연수가 지난 제품은 교체 또는 성능확인 검사에 합격하면 다음의 기준에 따라 사용할 수 있음

내용연수 경과 후 10년 미만	내용연수 경과 후 10년 이상
3년	1년

POINT | 16   특정소방대상물별 소화기구의 능력단위 기준

특정소방대상물	소화기구의 능력단위
위락시설	해당 용도의 바닥면적 30m²마다 능력단위 1단위 이상
공연장·집회장·관람장·문화재·장례식장 및 의료시설	해당 용도의 바닥면적 50m²마다 능력단위 1단위 이상
근린생활시설·판매시설·운수시설·숙박시설·노유자 시설·전시장·공동주택·업무시설·방송통신시설·공장·창고시설·항공기 및 자동차 관련 시설 및 관광휴게시설	해당 용도의 바닥면적 100m²마다 능력단위 1단위 이상
그 밖의 것	해당 용도의 바닥면적 200m²마다 능력단위 1단위 이상

참고   건축물의 주요구조부가 내화구조이고, 벽 및 반자의 실내에 면하는 부분이 불연재료·준불연재료 또는 난연재료인 경우 : 위 표의 기준면적의 2배

POINT | 17   옥내소화전설비와 옥외소화전설비 비교

구분	옥내소화전설비	옥외소화전설비
방수량	130L/min 이상	350L/min 이상
방수압력	0.17MPa 이상 0.7MPa 이하	0.25MPa 이상 0.7MPa 이하
호스구경	40mm(호스릴 25mm)	65mm
최소방출시간	• 20분 : 29층 이하 • 40분 : 30~49층 이하 • 60분 : 50층 이상	20분
설치거리	수평거리 25m 이하	수평거리 40m 이하
표시등	적색등	

POINT | 18   옥내소화전설비의 방수압력 측정

① 방수압력 측정
방수구에 호스를 결속한 상태로 노즐의 선단에 방수압력 측정계(피토게이지)를 근접(D/2)시켜서 측정하여 방수압력 측정계(피토게이지)의 압력계상의 눈금을 확인
② 방수압력 측정 시 주의사항
- 초기방수 시 물속 이물질이나 공기가 완전히 배출된 후 측정
- 반드시 직사형 관창 사용
- 피토게이지는 봉상주수(막대모양 분사) 상태에서 직각으로 측정
- 방수압력 측정 시 정상압력 : 0.17MPa 이상 0.7MPa 이하

POINT | 19   감시제어반의 스위치와 표시등

① 평상시에 펌프는 정지 상태로 '자동(연동)'에 있어야 함
② 시험점검을 위한 수동 조작 시에는 자동/수동 절환스위치를 '수동' 위치에 주펌프 또는 충압펌프는 '기동' 버튼을 눌러야 함
- MCC : 전원표시는 ON(항상 점등), 기동 버튼 ON, 펌프기동 표시등 ON
- 감시제어반 : 각 펌프 조작스위치 하단 표시등 ON

POINT | 20   스프링클러설비 종류별 특징 및 장·단점

구분	폐쇄형			개방형
	습식	건식	준비작동식	일제살수식
내용물	배관 내 가압수	• 1차 측 : 가압수 • 2차 측 : 압축공기	• 1차 측 : 가압수 • 2차 측 : 대기압	• 1차 측 : 가압수 • 2차 측 : 대기압
주요 구성요소	• 자동경보밸브 • 압력스위치 • 탬퍼스위치	• 건식 밸브 • 가속기 • 공기배출기 • 공기압축기 • 압력스위치 • 탬퍼스위치	• 준비작동밸브 • 수동조작함 • 압력스위치 • 화재감지기 • 수동기동장치	• 일제개방밸브 • 화재감지기 • 수동기동장치 • 탬퍼스위치
장점	• 구조가 간단하고 공사비 저렴 • 소화가 신속함 • 타 방식에 비해 유지관리 용이	동결 우려 장소 및 옥외 사용가능	• 동결 우려 장소 사용 가능 • 헤드 오작동(개방) 시 수손피해 우려 없음 • 헤드 개방 전 경보로 조기 대처 용이	• 초기화재에 신속 대처 용이 • 층고가 높은 장소에서도 소화 가능

단점	• 동결 우려 장소 사용 제한 • 헤드 오작동 시 수손피해 및 배관 부식 촉진	• 살수개시 시간 지연 및 복잡한 구조 • 화재초기 압축공기에 의한 화재 촉진 우려 • 일반 헤드인 경우 상향형으로 시공해야 함	• 감지장치로 감지기 별도 시공 필요 • 구조 복잡, 시공비 고가 • 2차 측 배관 부실시공 우려	• 대량 살수로 수손피해 우려 • 화재감지장치 별도 필요

POINT | 21 가스계 소화설비

약제방출방식에 의한 분류	전역방출방식	밀폐된 공간에 고정된 분사헤드를 통해 방호구역 전체에 방출하는 방식
	국소방출방식	화재가 발생한 부분에만 소화약제를 집중적으로 방출하는 방식
	호스릴방식	사람이 화점까지 끌고 가서 방출하는 이동식 소화방식
점검 전 안전조치	• 기동용기에서 선택밸브에 연결된 조작동관 분리 • 제어반의 솔레노이드밸브 연동 '정지' 상태에 두기 • 솔레노이드밸브에 연결된 안전핀 체결 → 솔레노이드 분리 → 안전핀 제거 ★	

POINT | 22 자동화재탐지설비 감지기 설치 유효면적(m^2)

부착 높이 및 특정소방대상물의 구분		감지기의 종류						
		차동식 스포트형		보상식 스포트형		정온식 스포트형		
		1종	2종	1종	2종	특종	1종	2종
4m 미만	주요구조부가 내화구조로 된 특정소방대상물 또는 그 부분	90	70	90	70	70	60	20
	기타구조의 특정소방대상물 또는 그 부분	50	40	50	40	40	30	15
4m 이상 8m 미만	주요구조부가 내화구조로 된 특정소방대상물 또는 그 부분	45	35	45	35	35	30	–
	기타구조의 특정소방대상물 또는 그 부분	30	25	30	25	25	15	–

POINT | 23 방화구획과 경계구역

방화구획의 면적별 구획	• 10층 이하의 층은 바닥면적 1,000m^2 이내마다 구획 • 11층 이상의 층은 바닥면적 200m^2(내장재가 불연재인 경우 500m^2) 이내마다 구획 참고 스프링클러설비 기타 이와 유사한 자동식 소화설비를 설치한 경우에는 상기 면적의 3배 이내마다 구획
경계구역	• 하나의 경계구역이 2 이상의 건축물에 미치지 않도록 할 것 • 하나의 경계구역이 2 이상의 층에 미치지 않도록 할 것(다만, 500m^2 이하의 범위 안에서는 2개의 층을 하나의 경계구역으로 할 수 있음) • 하나의 경계구역의 면적은 600m^2 이하로 하고 한 변의 길이는 50m 이하로 할 것(다만, 해당 특정소방대상물의 주된 출입구에서 그 내부 전체가 보이는 것에 있어서는 한 변의 길이가 50m 범위 내에서 1,000m^2 이하로 할 수 있음)

POINT | 24 회로도통시험의 적부 판정방법

구분	회로시험스위치			비고
	로터리 방식		버튼 방식	
적부 판정방법	전압계가 있는 경우 ★	• 정상 : 4~8[V] • 단선 : 0[V]	• 정상 : 각 경계구역별 도통시험 단선 확인등(녹색) 점등 • 단선 : 각 경계구역별 도통시험 단선 확인등(적색) 점등	■ 정상 ■ 단선 도통시험 단선인 경우 (적색등 점등)
	도통시험 확인등이 있는 경우	• 정상 : 정상 확인등 점등(녹색) • 단선 : 단선 확인등 점등(적색)		

POINT | 25 설치장소별 피난기구의 적응성

장소 \ 층별	1층	2층	3층	4층 이상 10층 이하
노유자 시설	• 미끄럼대 • 구조대 • 피난교 • 다수인 피난장비 • 승강식 피난기	• 미끄럼대 • 구조대 • 피난교 • 다수인 피난장비 • 승강식 피난기	• 미끄럼대 • 구조대 • 피난교 • 다수인 피난장비 • 승강식 피난기	• 구조대 • 피난교 • 다수인 피난장비 • 승강식 피난기
의료시설, 근린생활시설 중 입원실이 있는 의원·접골원·조산원	–	–	• 미끄럼대 • 구조대 • 피난교 • 피난용 트랩 • 다수인 피난장비 • 승강식 피난기	• 구조대 • 피난교 • 피난용 트랩 • 다수인 피난장비 • 승강식 피난기

POINT | 26 유도등

① 객석유도등

$$객석유도등\ 설치\ 개수 = \frac{객석통로의\ 직선\ 부분\ 길이(m)}{4} - 1$$

② 유도등의 3선식 배선 시 자동으로 점등되는 경우
- 자동화재탐지설비의 감지기 또는 발신기가 작동되는 때
- 비상경보설비의 발신기가 작동되는 때
- 상용전원이 정전되거나 전원선이 단선되는 때
- 방재업무를 통제하는 곳 또는 전기실의 배전반에서 수동으로 점등하는 때
- 자동소화설비가 작동되는 때

POINT 27 소방계획의 수립 절차

1단계 (사전기획)	2단계 (위험환경 분석)★	3단계 (설계/개발)	4단계 (시행/유지관리)
작성준비 ↓ 요구사항 검토 ↓ 작성계획 수립	위험환경 식별 ↓ 위험환경 분석/평가 ↓ 위험경감대책 수립	목표/전략수립 ↓ 실행계획 설계 및 개발	수립/시행 ↓ 운영/유지관리

POINT 28 응급처치

응급처치의 중요성		• 긴급한 환자의 생명을 유지 • 환자의 고통을 경감 • 위급한 부상 부위의 응급처치로 치료기간을 단축 • 현장처치의 원활화로 의료비 절감
출혈의 증상★		• 호흡과 맥박이 빠르고 약하며 불규칙하고, 체온이 떨어지고 호흡곤란도 나타남 • 반사작용이 둔해짐 • 탈수현상이 나타나며 갈증을 호소함 • 동공이 확대되고 두려움이나 불안을 호소함 • 혈압이 점차 저하되며, 피부가 창백해지고 차고 축축해짐 • 구토가 발생함
출혈 시 응급처치	직접압박법★	• 출혈 상처 부위를 직접 압박하는 방법 • 소독거즈나 압박붕대로 출혈 부위를 덮은 후 4~6인치 탄력붕대로 출혈 부위가 압박되게 감아줌 • 출혈 부위를 심장보다 높여줌
	지혈대 사용법	• 절단과 같은 심한 출혈이 있을 때나 지혈법으로도 출혈을 막지 못할 경우 최후의 수단으로 사용하는 방법 • 5cm 이상의 띠를 사용

POINT | 29 성인심폐소생술

일반인 심폐소생술 시행방법	자동심장충격기(AED) 사용방법
반응의 확인 ↓ 119 신고 ↓ 호흡 확인 ↓ 가슴압박 30회 시행 ★ (성인의 경우 분당 100~120회) ↓ 인공호흡 2회 시행 ↓ 가슴압박과 인공호흡의 반복 ↓ 회복자세	전원 켜기 ↓ 두 개의 패드 부착 ★ (패드 1 : 오른쪽 빗장뼈 아래, 패드 2 : 왼쪽 젖꼭지 아래의 중간겨드랑선) ↓ 심장리듬 분석 ↓ 심장충격(제세동) 시행 ↓ 즉시 심폐소생술 다시 시행

POINT | 30 소방교육 및 훈련의 실시원칙

① 학습자 중심의 원칙　　② 동기부여의 원칙
③ 목적의 원칙　　　　　④ 현실의 원칙
⑤ 실습의 원칙　　　　　⑥ 경험의 원칙
⑦ 관련성의 원칙

소방안전관리자 2급 8개년 기출문제집

PART 02

8개년 기출복원문제
(2025년~2018년)

2025년 기출복원문제

01 다음 중 소방대의 조직체가 아닌 것은?

① 소방공무원　　　　　　　② 의무소방원
③ 청원소방원　　　　　　　④ 의용소방대원

해설
소방대란 화재를 진압하고 화재, 재난·재해, 그 밖의 위급한 상황에서 구조·구급활동 등을 하기 위하여 다음의 사람으로 구성된 조직체를 말한다.
• 소방공무원
• 의무소방원
• 의용소방대원

|정답| ③

02 다음 중 소방기본법의 목적으로 옳지 않은 것은?

① 화재의 예방·경계 및 진압
② 국민의 생명·신체 및 재산을 보호
③ 사회의 질서유지와 기업의 복리증진에 이바지
④ 화재, 재난·재해, 그 밖의 위급한 상황에서 구조·구급활동

해설
소방기본법의 목적
• 화재를 예방·경계하거나 진압
• 화재, 재난·재해, 그 밖의 위급한 상황에서의 구조·구급활동
• 국민의 생명·신체 및 재산을 보호
• 공공의 안녕 및 질서유지와 복리증진에 이바지

|정답| ③

03 다음 중 100만원 이하의 벌금에 해당하는 것은?

① 정당한 사유 없이 소방용수시설을 사용한 사람
② 화재 또는 구조·구급에 필요한 상황을 거짓으로 알린 사람
③ 소방안전관리자 자격증을 다른 사람에게 빌려 주거나 빌리거나 이를 알선한 자
④ 정당한 사유 없이 소방대가 현장에 도착할 때까지 사람을 구출하는 조치를 하지 않은 사람

해설
- 정당한 사유 없이 소방용수시설 또는 비상소화장치를 사용하거나 소방용수시설 또는 비상소화장치의 효용을 해치거나 그 정당한 사용을 방해한 사람 : 5년 이하의 징역 또는 5천만원 이하의 벌금
- 화재 또는 구조·구급이 필요한 상황을 거짓으로 알린 사람 : 500만원 이하의 과태료
- 소방안전관리자 자격증을 다른 사람에게 빌려 주거나 빌리거나 이를 알선한 자 : 1년 이하의 징역 또는 1천만원 이하의 벌금

| 정답 | ④

04 다음 중 화재안전조사에 대한 설명으로 옳은 것은?

① 조사의 주체는 시·도지사이다.
② 화재안전조사에는 방염에 관한 사항이 포함된다.
③ 소방관서장은 조사계획을 3일 이상 공개해야 한다.
④ 화재안전조사 방법으로 정밀조사 방법을 선택한다.

해설
화재안전조사

주체	소방관서장	
조사계획	소방관서장은 조사계획을 7일 이상 공개해야 함	
조사 방법	종합조사	화재안전조사 항목 전부를 확인하는 조사
	부분조사	화재안전조사 항목 중 일부를 확인하는 조사

| 정답 | ②

05 소방안전관리자의 업무에 해당하지 않는 것은?

① 화기취급의 감독
② 소방훈련 및 교육
③ 화재발생 시 초기대응
④ 자체소방대의 구성 및 운영

해설

소방안전관리자의 업무
- 피난계획에 관한 사항과 대통령령으로 정하는 사항이 포함된 소방계획서의 작성 및 시행
- 자위소방대 및 초기대응체계의 구성, 운영 및 교육
- 피난시설, 방화구획 및 방화시설의 관리
- 소방시설이나 그 밖의 소방 관련 시설의 관리
- 소방훈련 및 교육
- 화기취급의 감독
- 소방안전관리에 관한 업무수행에 관한 기록·유지
- 화재발생 시 초기대응
- 그 밖에 소방안전관리에 필요한 업무

| 정답 | ④

06 방염물품을 설치해야 하는 대상으로 옳은 것은?

① 수영장
② 숙박시설
③ 전화통신용 시설
④ 11층 이상 아파트

해설

수영장은 제외되고, 전화통신용 시설이 아닌 방송통신시설 중 방송국 및 촬영소이며, 11층 이상인 것 중 아파트는 제외된다.

꼼꼼 문제분석

방염성능기준 이상의 실내장식물 등을 설치해야 하는 특정소방대상물
- 근린생활시설 중 의원, 치과의원, 한의원, 조산원, 산후조리원, 체력단련장, 공연장 및 종교집회장
- 건축물의 옥내에 있는 시설 중 문화 및 집회시설, 종교시설, 운동시설(수영장 제외)
- 의료시설, 교육연구시설 중 합숙소
- 노유자 시설, 숙박이 가능한 수련시설, 숙박시설
- 방송통신시설 중 방송국 및 촬영소
- 다중이용업소
- 위의 시설에 해당하지 않는 것으로서 11층 이상인 것(아파트등은 제외)

| 정답 | ②

07 건축물 사용승인일이 2025년 1월 30일이라면 종합점검 시기와 작동점검 시기를 순서대로 바르게 나열한 것은?

① 종합점검 시기 : 1월, 작동점검 시기 : 7월
② 종합점검 시기 : 6월, 작동점검 시기 : 12월
③ 종합점검 시기 : 4월, 작동점검 시기 : 10월
④ 종합점검 시기 : 3월, 작동점검 시기 : 9월

[해설]
종합점검은 사용승인 달에 실시하므로 1월에, 작동점검은 종합점검을 받은 달부터 6개월이 되는 달에 실시하므로 7월에 실시한다.

[꼼꼼 문제분석]
소방시설등의 자체점검

종합점검	작동점검
사용승인 달에 실시	종합점검 받은 달부터 6개월이 되는 달에 실시

|정답| ①

08 건축법령상 용어의 정의로 옳지 않은 것은?

① "건축"이란 건축물을 신축·증축·개축·재축하는 것을 말한다.
② "고층건축물"이란 층수가 30층 이상이거나 높이가 120m 이상인 건축물을 말한다.
③ "지하층"이란 건축물의 바닥이 지표면 아래에 있는 층으로서 바닥에서 지표면까지의 평균높이가 해당 층 높이의 1/3 이상인 것을 말한다.
④ 건축물의 "주요구조부"란 내력벽·기둥·바닥·보·지붕틀 및 주계단을 말하며 건축물의 안전에 결정적인 역할을 담당하는 것이다.

[해설]
"지하층"이란 건축물의 바닥이 지표면 아래에 있는 층으로서 바닥에서 지표면까지 평균높이가 해당 층 높이의 2분의 1 이상인 것을 말한다.

|정답| ③

09 연소범위에서 외부의 직접적인 점화원에 의해 인화될 수 있는 최저온도를 무엇이라 하는가?

① 인화점 ② 발화점
③ 연소점 ④ 착화점

해설
인화점이란 가연성 액체 또는 고체가 공기 중에 그 표면 가까이에 인화하는 데 충분한 농도의 증기가 생기는 최저온도이며, 외부의 직접적인 점화원(예 불꽃, 불티 등)에 의해 처음으로 불꽃을 발생시킬 수 있는 최저온도를 의미한다.

| 정답 | ①

10 화재의 분류에 대한 설명으로 옳지 않은 것은?

① B급화재는 석유류 화재를 말한다.
② C급화재는 전기기구에서 발생하는 화재로 질식소화가 효과적이다.
③ K급화재는 주방에서 발생하는 식용유 화재로 비누화작용과 냉각작용으로 소화한다.
④ A급화재는 목재, 섬유와 같은 가연물에 발생하는 화재로 연소 후 재가 남지 않는다.

해설
A급화재는 목재, 섬유와 같은 가연물에 발생하는 일반화재로 연소 후 재가 남는다.

꼼꼼 문제분석

화재의 분류

종류	기준	소화방법
일반화재 (A급화재)	나무, 섬유, 종이, 고무, 플라스틱류와 같은 일반 가연물이 타고 나서 재가 남는 화재	냉각소화
유류화재 (B급화재)	인화성 액체, 가연성 액체, 오일, 알코올 및 인화성 가스와 같은 유류가 타고 나서 재가 남지 않는 화재	질식·냉각소화
전기화재 (C급화재)	전류가 흐르고 있는 전기기기, 배선과 관련된 화재	이산화탄소, 분말소화약제
주방화재 (K급화재)	주방에서 동식물유를 취급하는 조리기구에서 일어나는 화재	비누화작용 및 냉각작용 동시에 필요
금속화재 (D급화재)	마그네슘 합금 등 가연성 금속에서 일어나는 화재	금속화재용 분말소화약제, 마른모래(건조사)

| 정답 | ④

11 연소의 3요소 중 산소공급원으로 볼 수 없는 것은?

① 공기
② 자기반응성 물질(제5류 위험물)
③ 헬륨
④ 산화제(제1류 위험물과 제6류 위험물)

해설
헬륨은 비활성 가스이며 연소를 지원하지 않기 때문에 산소공급원으로 볼 수 없다.

| 정답 | ③

12 화염이 발생하는 연소반응을 주도하는 라디칼을 제거하여 연쇄반응을 중단시키는 소화방법은?

① 제거소화
② 질식소화
③ 냉각소화
④ 억제소화

해설
억제소화는 연쇄반응을 차단하여 연소가 계속되는 것을 불가능하게 함으로써 소화하는 것으로, 화학적 작용에 의한 소화방법이다.

| 정답 | ④

13 물과 반응하거나 자연발화에 의해 발열 또는 가연성 가스를 발생하는 위험물은 몇 류 위험물인가?

① 제1류 위험물
② 제2류 위험물
③ 제3류 위험물
④ 제4류 위험물

해설
- 제3류 위험물은 자연발화성 및 금수성 물질로 물과 반응(금수성 물질)하거나 자연발화(황린)에 의해 가연성 가스를 발생한다.
- 황린은 가연성 증기 발생을 억제하기 위해 pH9인 물속에 저장한다.

| 정답 | ③

14 가스누설경보기를 설치한 경우 잘못된 설치위치는?

① 증기비중이 1보다 작은 가스의 경우 연소기로부터 수평거리 8m 이내의 위치에 설치
② 증기비중이 1보다 작은 가스의 경우 탐지기의 하단은 천장면의 하방 30cm 이내의 위치에 설치
③ 증기비중이 1보다 큰 가스의 경우 연소기 또는 관통부로부터 수평거리 4m 이내의 위치에 설치
④ 증기비중이 1보다 큰 가스의 경우 탐지기의 상단은 바닥면의 하방 30cm 이내의 위치에 설치

해설
증기비중이 1보다 큰 가스의 경우 탐지기의 상단은 바닥면의 상방 30cm 이내의 위치에 설치한다.

꼼꼼 문제분석
가스누설경보기의 설치위치

증기비중이 1보다 작은 가스의 경우	• 가스연소기로부터 수평거리 8m 이내의 위치에 설치 • 탐지기의 하단은 천장면의 하방 30cm 이내의 위치에 설치
증기비중이 1보다 큰 가스의 경우	• 가스연소기 또는 관통부로부터 수평거리 4m 이내의 위치에 설치 • 탐지기의 상단은 바닥면의 상방 30cm 이내의 위치에 설치

| 정답 | ④

15 제조소등의 관계인은 위험물안전관리자를 해임한 날부터 며칠 이내에 다시 안전관리자를 선임해야 하는가?

① 14일 ② 20일
③ 30일 ④ 60일

해설
위험물안전관리자를 선임한 제조소등의 관계인은 그 안전관리자를 해임하거나 안전관리자가 퇴직한 때에는 해임하거나 퇴직한 날부터 30일 이내에 다시 안전관리자를 선임하여야 한다.

| 정답 | ③

16 다음 중 제4류 위험물인 유류의 공통적인 성질이 아닌 것은?

① 인화하기 쉽다.
② 유증기는 대부분 공기보다 무겁다.
③ 유증기는 공기와 혼합되어 연소·폭발한다.
④ 대부분 물보다 무겁고 물에 녹지 않는다.

해설
제4류 위험물인 인화성 액체는 비중이 대부분 물보다 가벼워 물 위에 뜬다.

꼼꼼 문제분석
제4류 위험물의 공통적인 성질
- 인화하기 쉽다.
- 증기는 대부분 공기보다 무겁다.
- 증기는 공기와 혼합되어 연소·폭발한다.
- 착화온도가 낮은 것은 위험하다.
- 대부분 물보다 가볍고 물에 녹지 않는다.

|정답| ④

17 주요구조부가 내화구조인 4m 미만의 소방대상물에 설치하는 제1종 정온식 스포트형 감지기의 유효면적은?

① 60m² ② 70m² ③ 80m² ④ 90m²

해설
감지기 설치 유효면적(m²)

부착 높이 및 특정소방대상물의 구분		감지기의 종류						
		차동식 스포트형		보상식 스포트형		정온식 스포트형		
		1종	2종	1종	2종	특종	1종	2종
4m 미만	주요구조부가 내화구조로 된 특정소방대상물 또는 그 부분	90	70	90	70	70	60	20
	기타구조의 특정소방대상물 또는 그 부분	50	40	50	40	40	30	15
4m 이상 8m 미만	주요구조부가 내화구조로 된 특정소방대상물 또는 그 부분	45	35	45	35	35	30	–
	기타구조의 특정소방대상물 또는 그 부분	30	25	30	25	25	15	–

|정답| ①

18. ABC급 분말소화기의 소화약제의 종류는?

① 제1인산암모늄
② 탄산수소나트륨
③ 탄산수소칼륨
④ 탄산수소칼륨 + 요소

해설
ABC급 분말소화기의 소화약제는 제1인산암모늄이다.

꼼꼼 문제분석

분말소화기의 소화약제 및 적응화재

소화약제	명칭	주성분	적응화재	소화효과
제1종	탄산수소나트륨	$NaHCO_3$	BC	질식효과 · 억제(부촉매)효과
제2종	탄산수소칼륨	$KHCO_3$	BC	
제3종	인산암모늄	$NH_4H_2PO_4$	ABC	
제4종	탄산수소칼륨 + 요소	$KHCO_3 + (NH_2)_2CO$	BC	

| 정답 | ①

19. 방화구획 단위는 11층 이상일 경우 층 내 바닥면적의 몇 m² 이내마다 구획하여야 하는가? (단, 내장재는 불연재이다)

① 200m²
② 250m²
③ 400m²
④ 500m²

해설
방화구획의 기준

면적별 구획	• 10층 이하의 층은 바닥면적 1,000m² 이내마다 구획 • 11층 이상의 층은 바닥면적 200m²(내장재가 불연재인 경우 500m²) 이내마다 구획 ※ 스프링클러설비 기타 이와 유사한 자동식 소화설비를 설치한 경우에는 상기 면적의 3배 이내마다 구획

| 정답 | ④

20 소방시설의 종류 중 소화설비에 해당하지 않는 것은?

① 자동소화장치　　② 옥내소화전설비
③ 스프링클러설비　　④ 연결송수관설비

해설
연결송수관설비는 소화활동설비로, 건축물의 옥외에 설치된 송수구에 소방차로부터 가압수를 송수하고 소방관이 건축물 내에 설치된 방수구에 방수기구함에 비치된 호스를 연결하여 화재를 진압하는 설비를 말한다.

꼼꼼 문제분석
소화설비의 종류
- 소화기구
- 스프링클러설비등
- 자동소화장치
- 물분무등소화설비
- 옥내소화전설비
- 옥외소화전설비

| 정답 | ④

21 습식 스프링클러설비 점검을 위해 시험밸브함을 열었을 때 유지관리 상태(평상시) 모습으로 알맞은 것은?

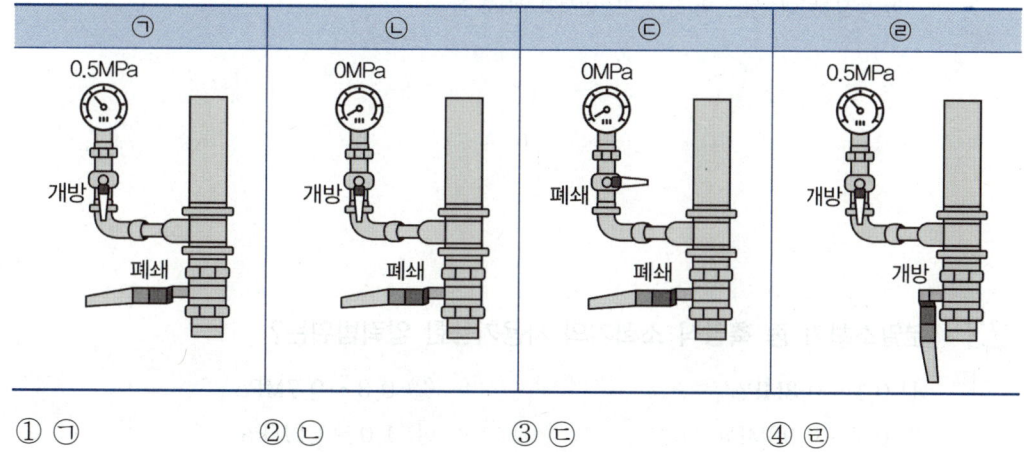

① ㉠　　② ㉡　　③ ㉢　　④ ㉣

해설
- 압력계 아래 개폐밸브는 평상시에 개방상태를 유지한다.
- 가압수 배출을 위한 시험밸브는 평상시 폐쇄상태를 유지한다.
- 스프링클러설비 방수압력은 0.1MPa 이상 1.2MPa 이하이다.

| 정답 | ①

22 내화구조로 바닥면적 2,000m²인 업무시설에 3단위 분말소화기를 비치하고자 한다. 소화기의 개수는 최소 몇 개가 필요한가?

① 3개 ② 4개
③ 5개 ④ 6개

해설

업무시설은 바닥면적 100m²마다 능력단위 1단위 이상이고, 내화구조라 하였으므로 2배를 적용하면 다음과 같이 구할 수 있다.

$$\frac{2,000m^2}{100m^2 \times 2배 \times 3단위} = 4개(올림하여 4개)$$

꼼꼼 문제분석

특정소방대상물별 소화기구의 능력단위 기준

특정소방대상물	소화기구의 능력단위
위락시설	해당 용도의 바닥면적 30m²마다 능력단위 1단위 이상
공연장·집회장·관람장·문화재·장례식장 및 의료시설	해당 용도의 바닥면적 50m²마다 능력단위 1단위 이상
근린생활시설·판매시설·운수시설·숙박시설·노유자 시설·전시장·공동주택·업무시설·방송통신시설·공장·창고시설·항공기 및 자동차 관련 시설 및 관광휴게시설	해당 용도의 바닥면적 100m²마다 능력단위 1단위 이상
그 밖의 것	해당 용도의 바닥면적 200m²마다 능력단위 1단위 이상

※ 건축물의 주요구조부가 내화구조이고, 벽 및 반자의 실내에 면하는 부분이 불연재료·준불연재료 또는 난연재료로 된 특정소방대상물은 위 표의 기준면적의 2배로 함

| 정답 | ②

23 분말소화기 중 축압식 소화기의 사용가능한 압력범위는?

① 0.1 ~ 0.3MPa ② 0.3 ~ 0.7MPa
③ 0.7 ~ 0.98MPa ④ 1.0 ~ 1.2MPa

해설

축압식 분말소화기

용기 중에 소화약제와 함께 소화약제의 방출원이 되는 질소 등의 압축가스를 봉입한 방식으로 용기 내 압력을 확인할 수 있도록 지시압력계가 부착되어 사용가능한 범위가 녹색(0.7 ~ 0.98MPa)으로 되어 있다.

| 정답 | ③

24 대형소화기의 능력단위 기준으로 옳은 것은?

① A급 : 1단위 이상, B급 : 10단위 이상
② A급 : 5단위 이상, B급 : 10단위 이상
③ A급 : 5단위 이상, B급 : 20단위 이상
④ A급 : 10단위 이상, B급 : 20단위 이상

해설
대형소화기의 능력단위는 A급 10단위 이상, B급 20단위 이상이다.

꼼꼼 문제분석
소화기의 종류

소형소화기	능력단위가 1단위 이상이고 대형소화기의 능력단위 미만인 소화기
대형소화기	화재 시 사람이 운반할 수 있도록 운반대와 바퀴가 설치되어 있고 능력단위가 A급 10단위 이상, B급 20단위 이상인 소화기

|정답| ④

25 개방형 헤드를 사용하는 일제살수식 스프링클러설비의 장단점으로 적절하지 않은 것은?

① 화재진압이 빠르다.
② 동파의 우려가 있는 장소에는 부적당하다.
③ 감지기 오동작으로 인한 물의 피해가 크다.
④ 감지기를 설치해야 하므로 경비가 많이 소요된다.

해설
일제살수식 스프링클러설비는 일제개방밸브를 중심으로 1차 측은 가압수, 2차 측은 대기압 상태이며 감지기 작동 시 일제개방밸브가 개방되고 담당구역의 모든 헤드에서 일제히 살수되는 방식이다. 동파의 우려가 있는 장소에서 부적당한 것은 습식 스프링클러설비이다.

꼼꼼 문제분석
일제살수식 스프링클러설비의 장단점

장점	단점
• 초기화재에 신속 대처 용이 • 층고가 높은 장소에서도 소화 가능	• 대량 살수로 수손피해 우려 • 화재감지장치 별도 필요

|정답| ②

26

4층 건물에 옥내소화전(1~2층 3개, 3층 2개, 4층 1개) 설치 시 필요한 수원의 저수량으로 옳은 것은?

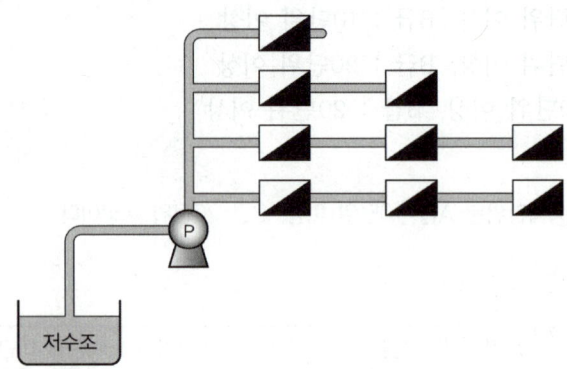

① 2.6m³
② 5.2m³
③ 7.8m³
④ 23.4m³

해설

옥내소화전설비 수원의 수량
옥내소화전의 설치개수가 가장 많은 층의 설치개수 N(2개 이상 설치된 경우 2개, 고층건축물의 경우 최대 5개)에 2.6m³(130L/min × 20min)를 곱한 양 이상
- 30 ~ 49층 : N × 5.2m³(130L/min × 40min) 이상(N 최대 개수 5개)
- 50층 이상 : N × 7.8m³(130L/min × 60min) 이상(N 최대 개수 5개)
  (고층건축물 : 층수가 30층 이상이거나 높이가 120m 이상인 건축물)
∴ 2.6m³(130L/min × 20min) × 2개 = 5.2m³

| 정답 | ②

27

화재 시 피난을 유도하기 위한 유도등은 정상상태에서 상용전원으로 점등되고, 정전되었을 때는 비상전원으로 자동절환되어 몇 분 이상 작동할 수 있어야 하는가?

① 20분 이상
② 40분 이상
③ 60분 이상
④ 120분 이상

해설

유도등은 정상상태에서는 상용정원으로 점등되고, 정전되었을 때는 비상전원으로 자동절환되어 20분 이상 작동할 수 있어야 한다.

| 정답 | ①

28 펌프성능시험을 위해 다음 그림과 같이 펌프를 작동하였다. 그림에 대한 설명으로 옳지 않은 것은? (단, 설비는 정상상태이며 제시된 조건을 제외한 나머지 조건은 무시한다)

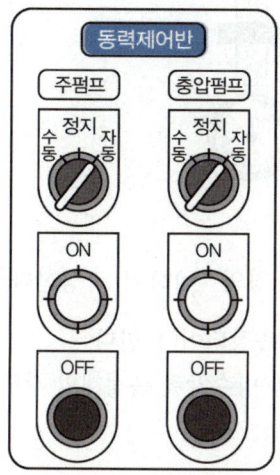
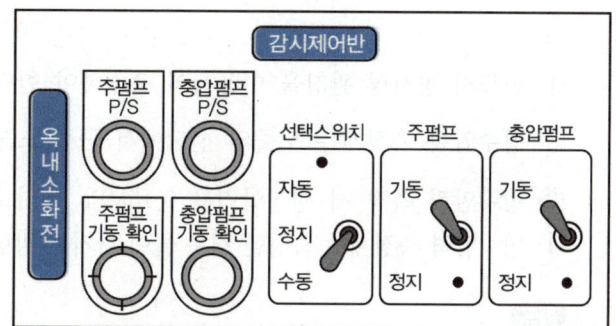

① 기동용 수압개폐장치(압력챔버) 주펌프 압력스위치는 미작동 상태이다.
② 감시제어반의 주펌프스위치를 정지 위치로 내리면 주펌프는 정지한다.
③ 현재 주펌프는 자동으로, 충압펌프는 수동으로 작동하고 있다.
④ 감시제어반 충압펌프 기동확인등이 소등되어 있으므로 불량이다.

해설
감시제어반의 선택스위치가 수동, 주펌프스위치와 충압펌프는 기동으로 되어 있으므로 주펌프, 충압펌프는 모두 수동으로 작동하고 있다.

|정답| ③

29 옥외소화전설비의 방수량(L/min) 기준은 얼마인가?
① 80L/min 이상
② 130L/min 이상
③ 350L/min 이상
④ 500L/min 이상

해설
옥외소화전설비의 방수량은 350L/min 이상이어야 한다.

|정답| ③

30 옥내소화전설비의 방수압력 측정조건 및 방법으로 옳은 것은?

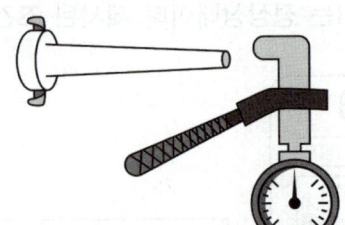

① 반드시 방사형 관창을 이용하여 측정해야 한다.
② 방수압력 측정계는 노즐의 선단에서 근접(노즐구경의 $\frac{1}{2}$)하여 측정한다.
③ 방수압력 측정 시 정상압력은 0.15MPa 이하로 측정되어야 한다.
④ 방수압력 측정계로 측정할 경우 물이 나가는 방향과 방수압력 측정계의 각도는 상관없다.

[해설]
옥내소화전설비의 방수압력 측정
- 방수압력 측정방법 : 방수구에 호스를 결속한 상태로 노즐의 선단에 방수압력 측정계(피토게이지)를 근접(D/2)시켜서 측정하여 방수압력 측정계(피토게이지)의 압력계상의 눈금을 확인한다.
- 방수압력 측정 시 주의사항
  - 초기 방수 시 물속에 이물질이나 공기가 완전히 배출된 후 측정
  - 반드시 직사형 관창을 이용하여 측정
  - 피토게이지는 봉상주수(막대모양 분사) 상태에서 직각으로 측정
  - 방수압력 측정 시 정상압력 : 0.17MPa 이상 0.7MPa 이하

|정답| ②

31 다음 중 가스계 소화설비의 점검 전 안전조치를 순서대로 나열한 것은?

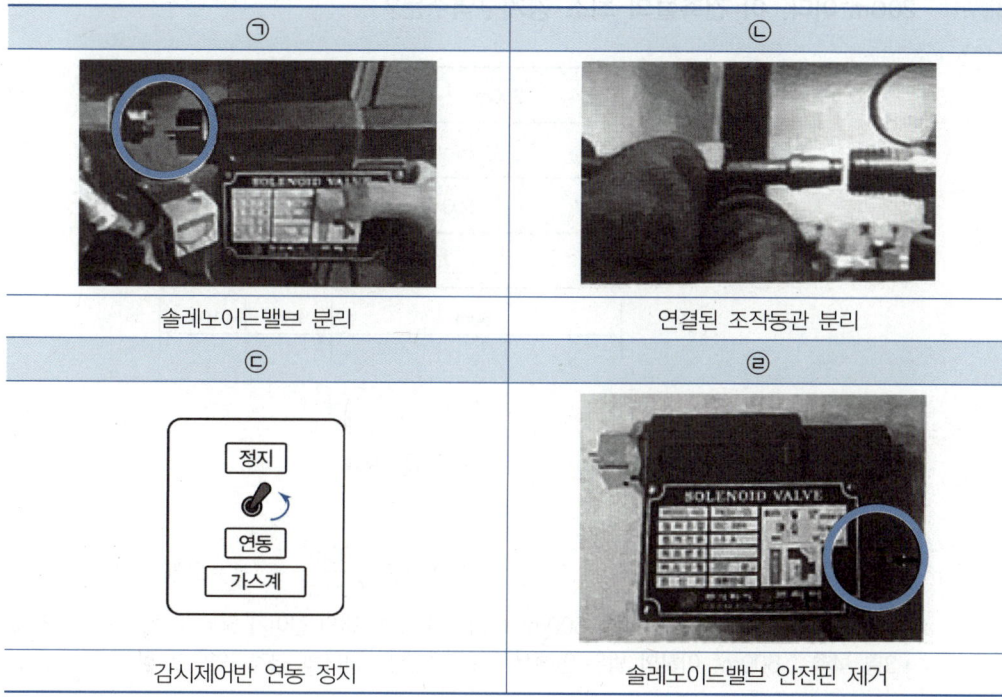

① ㉡ - ㉢ - ㉣ - ㉠
② ㉡ - ㉢ - ㉠ - ㉣
③ ㉡ - ㉠ - ㉢ - ㉣
④ ㉢ - ㉡ - ㉣ - ㉠

해설

가스계 소화설비의 점검 전 안전조치
- 기동용기에서 선택밸브에 연결된 조작동관 분리
- 제어반의 솔레노이드밸브 연동 '정지' 상태에 두기
- 솔레노이드밸브에 연결된 안전핀 체결 → 솔레노이드 분리 → 안전핀 제거

|정답| ②

32 어느 건축물의 바닥면적이 각각 1층에 700m², 2층에 600m², 3층에 300m², 4층에 200m²이다. 이 건축물의 최소 경계구역수는?

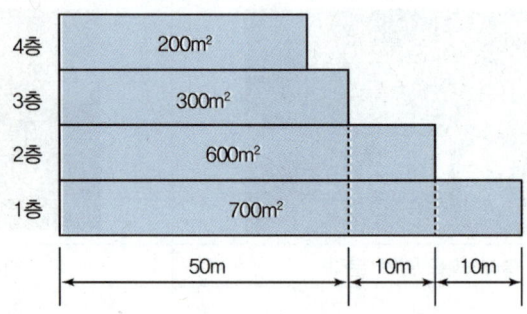

① 2개 ② 3개
③ 4개 ④ 5개

해설

- 1층 : 하나의 경계구역의 면적은 600m² 이하이므로 $\frac{700m^2}{600m^2} = 1.1 = 2개(소수점 올림)$
- 2층 : 하나의 경계구역의 면적은 600m² 이하이지만, 한 변의 길이가 50m를 초과하므로 경계구역은 2개
- 3층, 4층 : 500m² 이하의 범위 안에서는 2개의 층을 하나의 경계구역으로 할 수 있으므로 $\frac{(300+200)m^2}{500m^2} = 1개$

∴ 2 + 2 + 1 = 5개

꼼꼼 문제분석

자동화재탐지설비의 경계구역 설정기준
자동화재탐지설비의 1회선이 화재의 발생을 유효하고 효율적으로 감지할 수 있도록 적당한 범위를 정한 구역을 말한다.
- 하나의 경계구역이 2 이상의 건축물에 미치지 않도록 할 것
- 하나의 경계구역이 2 이상의 층에 미치지 않도록 할 것(다만, 500m² 이하의 범위 안에서는 2개의 층을 하나의 경계구역으로 할 수 있음)
- 하나의 경계구역의 면적은 600m² 이하로 하고 한 변의 길이는 50m 이하로 할 것(다만, 해당 특정소방대상물의 주된 출입구에서 그 내부 전체가 보이는 것에 있어서는 한 변의 길이가 50m 범위 내에서 1,000m² 이하로 할 수 있음)

|정답| ④

33 건물 내 2층에서 발신기 오작동이 발생하였다. 수신기의 상태로 볼 수 있는 것은? (단, 건물은 직상 4개 층 경보방식이다)

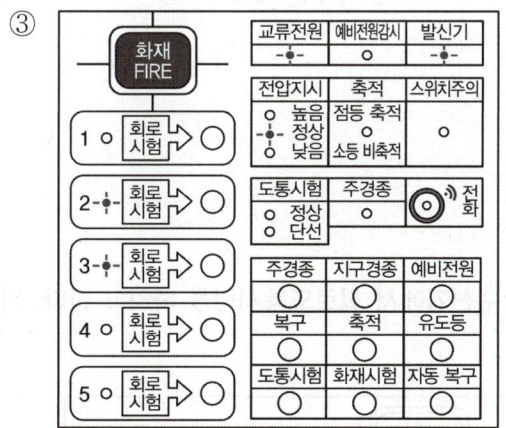

해설
- 층수가 11층(공동주택의 경우 16층) 이상의 특정소방대상물은 다음의 기준의 따라 경보를 발할 수 있어야 한다.

2층 이상의 층에서 발화	발화층 및 그 직상 4개 층에 경보를 발할 것
1층에서 발화	발화층·그 직상 4개 층 및 지하층에 경보를 발할 것
지하층에서 발화	발화층·그 직상층 및 기타의 지하층에 경보를 발할 것

- 2층에서 발신기 오작동이 발생하였으므로 지구표시등은 2층(발화층)에만 점등된다.
- 경보층은 발화층 및 직상 4개 층이므로 경종은 2 ~ 6층이 울린다.

| 정답 | ①

34 자동화재탐지설비 음향장치의 설치기준으로 적절하지 않은 것은?

① 층마다 설치한다.
② 수평거리 25m 이하가 되도록 설치한다.
③ 지구음향장치는 수신기 내부에 설치한다.
④ 음향의 크기는 1m 떨어진 곳에서 90dB 이상이어야 한다.

해설
주음향장치는 수신기 내부 또는 그 직근에 설치하고, 지구음향장치는 층마다 설치하되, 수평거리 25m 이하가 되도록 설치한다.

꼼꼼 문제분석
음향장치의 설치기준
- 주음향장치 : 수신기 내부 또는 그 직근에 설치
- 지구음향장치 : 층마다 설치하되, 수평거리가 25m 이하가 되도록 설치
- 음향의 크기 : 부착된 장치의 중심으로부터 1m 떨어진 위치에서 90dB 이상

| 정답 | ③

35 다음 그림과 같은 자동화재탐지설비 수신기에서 회로도통시험을 하려고 한다. 가장 먼저 눌러야 하는 스위치는?

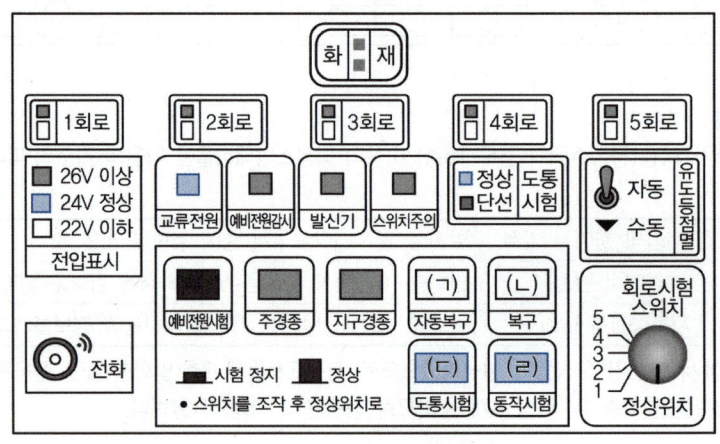

① (ㄱ)　　② (ㄴ)　　③ (ㄷ)　　④ (ㄹ)

해설
회로도통시험 시 도통시험스위치를 가장 먼저 누른다.

| 정답 | ③

36 다음은 버튼식 P형 수신기 도통시험에 대한 내용이다. 도통시험 버튼을 누르고 각 회선별로 버튼을 눌렀을 때 결과를 판정하는 방법으로 적절한 것은?

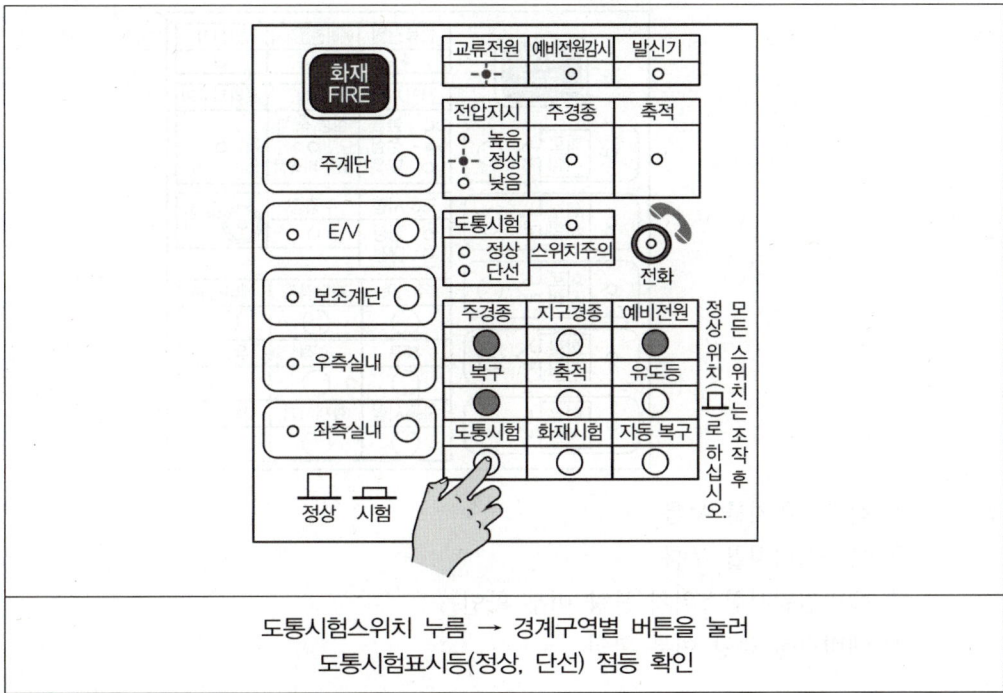

① 주계단 버튼을 누르면 녹색등이 소등되므로 정상이다.
② E/V 버튼을 누르면 적색등이 점등되므로 정상으로 판단한다.
③ 보조계단 버튼을 누르면 교류전원이 소등되므로 정상이다.
④ 우측실내 버튼을 누르면 도통시험 확인등이 녹색이므로 정상이다.

해설
버튼식 P형 수신기 도통시험에서 경계구역별로 버튼을 눌렀을 때 정상이면 녹색등, 단선이면 적색등으로 표시된다.

|정답| ④

37 수신기의 예비전원시험을 진행한 결과 다음과 같이 수신기의 표시등이 점등되었을 때 조치사항으로 옳은 것은?

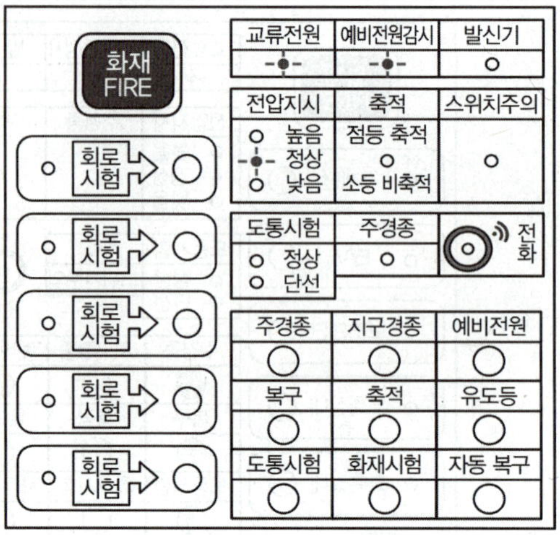

① 축적스위치를 누름
② 복구스위치를 누름
③ 예비전원시험스위치 불량 여부 확인
④ 예비전원 불량 여부 확인

[해설]
예비전원감시램프가 점등되어 있으므로 예비전원 불량 여부를 확인한다.

| 정답 | ④

---

38 다음 중 피난기구에 해당하지 않는 것은?

① 완강기   ② 유도등
③ 구조대   ④ 피난사다리

[해설]
유도등은 피난구조설비이다.

[꼼꼼 문제분석]
피난기구의 종류
- 구조대
- 피난사다리
- 기타 피난기구(피난용 트랩, 공기안전매트 등)
- 완강기
- 미끄럼대
- 간이완강기
- 다수인 피난장비

| 정답 | ②

39 다음 중 인명구조기구의 종류에 해당하지 않는 것은?

① 방열복 ② 방화복
③ 구급차 ④ 공기호흡기

해설

인명구조기구의 종류

방열복	고온의 복사열에 가까이 접근하여 소방활동을 수행할 수 있는 내열피복
방화복	화재진압 등의 소방활동을 수행할 수 있는 피복(안전모, 보호장갑, 안전화 포함)
공기호흡기	유독가스로부터 인명을 보호하기 위해 용기에 압축된 공기를 저장하여 두었다가 필요시 마스크를 통해 호흡에 이용토록 하는 호흡기구
인공소생기	화재의 발생으로 인해 유독성 가스에 질식되었거나 중독 등에 의해 심폐기능이 악화되어 정상적으로 호흡할 수 없는 사람에게 인공호흡을 시켜 소생토록 하는 구급용 기구

|정답| ③

---

40 소방계획의 수립 절차는 4단계로 구성된다. 다음 중 2단계(위험환경 분석)의 내용에 해당하는 것을 모두 고른 것은?

| ㉠ 위험환경 식별 | ㉡ 위험환경 분석·평가 |
| ㉢ 위험환경 목표·전략 수립 | ㉣ 위험환경 경감대책 수립 |

① ㉠, ㉣ ② ㉡, ㉢, ㉣
③ ㉠, ㉡, ㉣ ④ ㉡, ㉣

해설

소방계획의 수립 절차

1단계 (사전기획)	2단계 (위험환경 분석)	3단계 (설계/개발)	4단계 (시행/유지관리)
작성준비 ↓ 요구사항 검토 ↓ 작성계획 수립	위험환경 식별 ↓ 위험환경 분석/평가 ↓ 위험경감대책 수립	목표/전략 수립 ↓ 실행계획 설계 및 개발	수립/시행 ↓ 운영/유지관리

|정답| ③

41 다음 중 위험요인의 관리는 반드시 실현가능한 계획으로 구성되어야 한다고 강조하는 소방계획의 작성원칙은?

① 실행우선 ② 관계인의 참여
③ 실현가능한 계획 ④ 계획수립의 구조화

해설

소방계획의 작성원칙

실현가능한 계획	• 소방계획의 작성에서 가장 핵심적인 측면은 위험관리 • 소방계획은 대상물의 위험요인을 체계적으로 관리하기 위한 일련의 행동이므로 위험요인의 관리는 반드시 실현가능한 계획으로 구성되어야 함
관계인의 참여	소방계획의 수립 및 시행과정에서 소방안전관리대상물의 관계인, 재실자 및 방문자 등 전원이 참여하도록 수립하여야 함
계획수립의 구조화	체계적이고 전략적인 계획의 수립을 위해 작성 – 검토 – 승인의 3단계의 구조화된 절차를 거쳐야 함
실행우선	• 소방계획의 궁극적 목적은 비상상황 발생 시 신속하고 효율적인 대응 및 복구로 피해를 최소화하는 것 • 문서로 작성된 계획만으로는 소방계획이 완료되었다고 보기 어렵고 교육훈련 및 평가 등 이해의 과정이 있어야 함

| 정답 | ③

42 다음 중 화재 시 일반적 피난행동이 아닌 것은?

① 엘리베이터는 절대 이용하지 않는다.
② 아래층으로 대피보다는 옥상으로 우선 대피한다.
③ 아파트의 경우 세대 내 대피공간으로 대피한다.
④ 연기 발생 시 최대한 낮은 자세로 이동한다.

해설

화재 시 일반적 피난행동
• 엘리베이터는 절대 이용하지 않도록 하며 계단을 이용해 옥외로 대피한다.
• 아래층으로 대피가 불가능한 때에는 옥상으로 대피한다.
• 아파트의 경우 세대 밖으로 나가기 어려울 경우 세대 사이에 설치된 경량칸막이를 통해 옆 세대로 대피하거나 세대 내 대피공간으로 대피한다.
• 유도등, 유도표지를 따라 대피한다.
• 연기 발생 시 최대한 낮은 자세로 이동하고 코와 입을 젖은 수건 등으로 막아 연기를 마시지 않도록 한다.
• 옷에 불이 붙었을 때에는 눈과 입을 가리고 바닥에서 뒹군다.
• 출입문을 열기 전 문 손잡이가 뜨거우면 문을 열지 말고 다른 길을 찾는다.
• 탈출한 경우에는 절대로 다시 화재 건물로 들어가지 않는다.

| 정답 | ②

43. 자위소방대의 조직 편성기준에 따라 Type Ⅰ로 조직해야 하는 대상은?

① 10층 일반건축물
② 특급 소방안전관리대상물
③ 지하층 제외 29층 아파트
④ 연면적 10,000m² 이상인 일반건축물

해설

자위소방대의 조직 편성기준

구분	편성대상	편성기준	
TYPE Ⅰ	• 특급 • 1급(연면적 30,000m² 이상 포함 - 공동주택 제외)	지휘통제	지휘통제팀
		현장대응 (본부대)	비상연락팀, 초기소화팀, 피난유도팀, 응급구조팀, 방호안전팀 * 필요시 팀 가감 편성
		현장대응 (지구대 n)	각 구역(Zone)별 현장대응팀 * 구역별 규모, 인력에 따라 편성
TYPE Ⅱ	• 1급 * 연면적 30,000m² 이상의 경우 TYPE Ⅰ 참고 및 적용(공동주택 제외) • 2급(상시 근무인원 50명 이상)	지휘통제	지휘통제팀
		현장대응	비상연락팀, 초기소화팀, 피난유도팀, 응급구조팀, 방호안전팀 * 필요시 팀 가감 편성
TYPE Ⅲ	2급, 3급 * 상시 근무인원 50명 이상의 경우 TYPE Ⅱ 참고 및 적용	지휘통제	지휘통제팀
		현장대응	• (10인 미만) 현장대응팀 * 개별 팀 구분 없음 • (10인 이상) 비상연락팀, 초기소화팀, 피난유도팀 * 필요시 팀 가감 편성
초기대응 체계	상시근무 또는 거주인원	초기대응	초기대응팀(휴일야간 포함)

| 정답 | ②

44. 자위소방대 및 초기대응체계 교육·훈련 후 실시결과 기록은 몇 년간 보관해야 하는가?

① 1년
② 2년
③ 3년
④ 4년

해설

소방안전관리대상물의 소방안전관리자는 소방교육을 실시하였을 때는 그 실시결과를 자위소방대 및 초기대응체계 교육·훈련 실시결과 기록부에 기록하고, 교육을 실시한 날부터 2년간 보관해야 한다.

| 정답 | ②

45. 장애유형별 피난보조 시 손전등 및 전등을 활용하거나 메모를 이용한 대화가 효과적인 장애유형은?

① 청각장애인
② 시각장애인
③ 지적장애인
④ 노약자

해설

장애유형별 피난보조 예시

휠체어 사용자	평지보다 계단에서 주의가 필요하며, 많은 사람들이 보조할수록 상대적으로 쉬운 대피가 가능함
시각장애인	• 평상시와 같이 지팡이를 이용하여 피난토록 함 • 피난보조자는 팔과 어깨에 살며시 기대도록 하여 안내하며 계단, 장애물 등을 미리 알려줌 • 피난유도 시 '여기', '저기' 등 애매한 표현보다는 명확하게 표현하고, 여러 명의 시각장애인이 동시 대피하는 경우 서로 손을 잡고 질서 있게 피난토록 함
청각장애인	시각적인 전달을 위해 표정이나 제스처를 사용하고 조명(손전등 및 전등)을 적극 활용하며 메모를 이용한 대화도 효과적임
지적장애인	지적장애인의 경우 공황 상태에 빠질 수 있으므로 차분하고 느린 어조로 도움을 주러 왔음을 밝히고 보조함

| 정답 | ①

46. 응급처치의 중요성에 대한 설명으로 틀린 것은?

① 환자의 고통 경감
② 긴급한 환자의 생명 유지
③ 현장처치의 원활화로 의료비 절감
④ 위급한 부상 부위의 응급처치로 치료기간 연장

해설

응급처치의 중요성
• 긴급한 환자의 생명 유지
• 환자의 고통 경감
• 위급한 부상 부위의 응급처치로 치료기간 단축
• 현장처치의 원활화로 의료비 절감

| 정답 | ④

47 화재로 인하여 진피의 모세혈관이 손상되며 물집이 터져 진물이 나고 감염의 위험이 있는 화상의 분류는?

① 1도 화상 ② 2도 화상
③ 3도 화상 ④ 4도 화상

해설
화상의 분류

표피화상 (1도 화상)	• 피부 바깥층의 화상을 말함 • 약간의 부종과 홍반이 나타나며 부어오르면서 통증을 느끼나 치료 시 흉터 없이 치료됨
부분층화상 (2도 화상)	• 피부의 두 번째 층까지 화상으로 손상되어 심한 통증과 발적, 수포가 발생하므로 표피가 얼룩덜룩하게 됨 • 진피의 모세혈관이 손상되며 물집이 터져 진물이 나고 감염의 위험이 있음
전층화상 (3도 화상)	• 피부 전층이 손상되며 피하지방과 근육층까지 손상된 상태 • 피부는 가죽처럼 매끈하고 회색이나 검은색으로도 됨 • 피부에 체액이 통하지 않아 화상 부위는 건조하며 통증이 없음

|정답| ②

48 심폐소생술(CPR) 시행 시 가슴압박의 위치는?

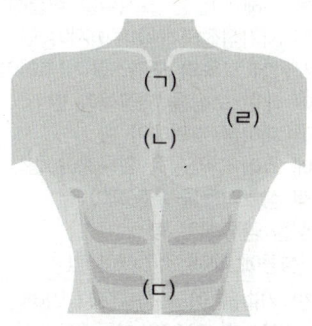

① (ㄱ) ② (ㄴ) ③ (ㄷ) ④ (ㄹ)

해설
심폐소생술 시행 시 환자를 바닥이 단단하고 평평한 곳에 등을 대고 눕힌 뒤에 가슴뼈의 아래쪽 절반 부위에 깍지를 낀 두 손의 손바닥 뒤꿈치를 대고 가슴압박을 시행한다.

|정답| ②

49 다음 중 출혈의 증상이 아닌 것은?

① 반사작용이 민감해진다. ② 탈수현상이 나타난다.
③ 구토가 발생한다. ④ 혈압이 점차 낮아진다.

해설
출혈의 증상
- 호흡과 맥박이 빠르고 약하며 불규칙하고, 체온이 떨어지고 호흡곤란도 나타난다.
- 반사작용이 둔해진다.
- 탈수현상이 나타나며 갈증을 호소한다.
- 동공이 확대되고 두려움이나 불안을 호소한다.
- 혈압이 점차 저하되며, 피부가 창백해지고 차고 축축해진다.
- 구토가 발생한다.

|정답| ①

---

50 소방교육 및 훈련의 실시원칙 중 "경험을 했던 사례를 들어 현실감 있게 한다"에 해당하는 것은?

① 경험의 원칙   ② 현실의 원칙   ③ 목적의 원칙   ④ 학습자 중심의 원칙

해설
소방교육 및 훈련의 실시원칙

학습자 중심의 원칙	• 한 번에 한 가지씩 습득 가능한 분량을 교육 및 훈련시킴 • 쉬운 것에서 어려운 것으로 교육을 실시하되 기능적 이해에 비중을 둠 • 학습자에게 감동이 있는 교육이 되어야 함
동기부여의 원칙	• 교육의 중요성을 전달해야 함 • 학습을 위해 적절한 스케줄을 적절히 배정해야 함 • 교육은 시기적절하게 이루어져야 함 • 핵심사항에 교육의 포커스를 맞추어야 함 • 학습에 대한 보상을 제공해야 함 • 교육에 재미를 부여해야 함 • 교육에 있어 다양성을 활용해야 함 • 사회적 상호작용을 제공해야 함 • 전문성을 공유해야 함 • 초기 성공에 대해 격려해야 함
목적의 원칙	• 어떠한 기술을 어느 정도까지 익혀야 하는가를 명확히 제시함 • 습득하여야 할 기술이 활동 전체에서 어느 위치에 있는가를 인식하도록 함
현실의 원칙	학습자의 능력을 고려하지 않은 훈련은 비현실적이고 불완전함
실습의 원칙	• 실습을 통해 지식을 습득함 • 목적을 생각하고, 적절한 방법으로 정확하게 하도록 함
경험의 원칙	경험을 했던 사례를 들어 현실감 있게 함
관련성의 원칙	모든 교육 및 훈련 내용은 실무인 접목과 현장성이 있어야 함

|정답| ①

Chapter 02 2024년 기출복원문제

01 다음 중 한국소방안전원의 업무가 아닌 것은?

① 위험물에 대한 허가 및 승인
② 소방기술과 안전관리에 관한 교육 및 조사·연구
③ 소방기술과 안전관리에 관한 각종 간행물 발간
④ 화재예방·안전관리의식 고취를 위한 대국민 홍보

해설
한국소방안전원의 업무
- 소방기술과 안전관리에 관한 교육 및 조사·연구
- 소방기술과 안전관리에 관한 각종 간행물 발간
- 화재예방과 안전관리의식 고취를 위한 대국민 홍보
- 소방업무에 관하여 행정기관이 위탁하는 업무
- 소방안전에 관한 국제협력
- 그 밖에 회원에 대한 기술지원 등 정관으로 정하는 사항

|정답| ①

02 화재에서 화염의 접촉 없이 연소가 확산되는 현상으로 화재 현장에서 인접 건물을 연소시키는 주된 원인은 무엇인가?

① 전도
② 대류
③ 비화
④ 복사

해설
복사
- 화재 시 열의 이동에 가장 크게 작용하는 열 이동방식으로 모든 물체의 온도 때문에 열에너지를 파장의 형태로 계속적으로 방사하며, 그렇게 방사하는 에너지를 열복사라 한다(예 양지바른 곳에서 햇볕을 쬐면 따뜻해짐).
- 화재에서 화염의 접촉 없이 연소가 확산되는 현상으로, 화재 현장에서 인접 건물을 연소시키는 주된 원인이다.

|정답| ④

03 소방안전관리자는 업무 수행에 관한 내용을 기록해야 하며 작성된 문서를 보관해야 한다. 이때 보관기간으로 옳은 것은?

① 1년 ② 2년
③ 5년 ④ 10년

해설
소방안전관리자는 업무 수행에 관한 기록을 작성한 날부터 2년간 보관해야 한다.

|정답| ②

04 할로젠화합물 소화기의 소화방법으로 옳지 않은 것은?

| ㉠ 제거소화 | ㉡ 질식소화 |
| ㉢ 냉각소화 | ㉣ 억제소화 |

① ㉠ ② ㉠, ㉡
③ ㉢, ㉣ ④ ㉣

해설
할로젠(할로겐)화합물 소화기의 소화효과 : 부촉매효과(억제효과), 질식효과, 냉각효과

|정답| ①

05 방염의 필요성에 대한 설명으로 옳지 않은 것은?

① 연소확대 방지와 지연 ② 피난시간 확보
③ 실의 구획화 ④ 인명 및 재산피해 감소

해설
방염의 필요성
- 화재 시 연소확대 방지와 지연
- 피난시간 확보
- 인명 및 재산피해 감소

|정답| ③

06 다음 그림과 같이 주요구조부가 내화구조로 된 어느 건축물에 차동식 스포트형 1종 감지기를 설치하고자 한다. 감지기의 최소 설치개수로 옳은 것은? (단, 감지기의 부착 높이는 6m이다)

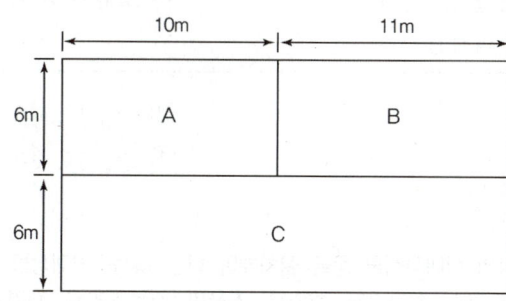

① 5개 ② 6개
③ 7개 ④ 8개

해설

- A = $\dfrac{10m \times 6m}{45m^2}$ = 1.3 = 2개(소수점 올림)
- B = $\dfrac{11m \times 6m}{45m^2}$ = 1.4 = 2개(소수점 올림)
- C = $\dfrac{(10+11)m \times 6m}{45m^2}$ = 2.8 = 3개(소수점 올림)

∴ 설치개수 = 2 + 2 + 3 = 7개

꼼꼼 문제분석

감지기 설치 유효면적(m^2)

부착 높이 및 특정소방대상물의 구분		감지기의 종류					
		차동식 스포트형		보상식 스포트형		정온식 스포트형		
		1종	2종	1종	2종	특종	1종	2종
4m 미만	주요구조부가 내화구조로 된 특정소방대상물 또는 그 부분	90	70	90	70	70	60	20
	기타구조의 특정소방대상물 또는 그 부분	50	40	50	40	40	30	15
4m 이상 8m 미만	주요구조부가 내화구조로 된 특정소방대상물 또는 그 부분	45	35	45	35	35	30	—
	기타구조의 특정소방대상물 또는 그 부분	30	25	30	25	25	15	—

|정답| ③

07 다음 중 방염성능기준 이상의 실내장식물을 설치해야 할 장소를 모두 고른 것은?

㉠ 한방병원 ㉡ 교육연구시설 중 합숙소
㉢ 근린생활시설 중 의원 ㉣ 노유자 시설
㉤ 문화 및 집회시설

① ㉠, ㉡
② ㉠, ㉡, ㉢
③ ㉠, ㉡, ㉢, ㉣
④ ㉠, ㉡, ㉢, ㉣, ㉤

해설
방염성능기준 이상의 실내장식물 등을 설치해야 하는 특정소방대상물
- 근린생활시설 중 의원, 치과의원, 한의원, 조산원, 산후조리원, 체력단련장, 공연장 및 종교집회장
- 건축물의 옥내에 있는 시설 중 문화 및 집회시설, 종교시설, 운동시설(수영장 제외)
- 의료시설, 교육연구시설 중 합숙소
- 노유자 시설, 숙박이 가능한 수련시설, 숙박시설
- 방송통신시설 중 방송국 및 촬영소
- 다중이용업소
- 위의 시설에 해당하지 않는 것으로서 11층 이상인 것(아파트등은 제외)

|정답| ④

08 다음 중 이산화탄소소화설비의 장점이 아닌 것은?

① 가연물 외부에서 연소하는 표면화재에 적합하다.
② 화재 진화 후 깨끗하다.
③ 피연소물에 피해가 적다.
④ 비전도성이므로 전기화재에 좋다.

해설
이산화탄소소화설비의 장단점

장점	단점
• 가연물 내부에서 연소하는 심부화재에 적합 • 화재 진화 후 깨끗 • 피연소물에 피해가 적음 • 비전도성이므로 전기화재에 좋음	• 사람에게 질식의 우려가 있음 • 방사 시 동상의 우려와 소음이 큼 • 설비가 고압으로 특별한 주의와 관리가 필요

|정답| ①

09 높이 130m, 1,400세대가 살고 있는 아파트에 대한 설명으로 옳은 것은?

① 소방안전관리보조자는 3명이 필요하다.
② 1급 소방안전관리자 시험 합격자를 바로 선임할 수 있다.
③ 위험물기능장 국가기술자격증이 있는 사람을 선임할 수 있다.
④ 소방공무원으로 3년의 근무경력이 있는 사람을 선임할 수 있다.

해설

- 1급 소방안전관리대상물 기준 : 30층 이상(지하층 제외)이거나 지상 120m 이상인 아파트
- 소방안전관리보조자는 300세대 초과 시 1명 추가

  ∴ $\dfrac{1,400}{300}$ = 4.67(소수점 생략) → 소방안전관리보조자는 4명을 선임해야 한다.

- 1급 소방안전관리자 선임자격
  - 소방설비기사 또는 소방설비산업기사의 자격이 있는 사람
  - 소방공무원으로 7년 이상 근무한 경력이 있는 사람
  - 소방청장이 실시하는 1급 소방안전관리대상물의 소방안전관리에 관한 시험에 합격한 사람

| 정답 | ②

10 다음 중 종합점검 실시 대상으로 적절한 것은?

① 1급 소방안전관리대상물
② 2급 소방안전관리대상물
③ 3급 소방안전관리대상물
④ 스프링클러설비가 설치된 특정소방대상물

해설

종합점검 실시 대상

- 소방시설등이 신설된 특정소방대상물
- 스프링클러설비가 설치된 특정소방대상물
- 물분무등소화설비(호스릴방식의 물분무등소화설비만을 설치한 경우는 제외)가 설치된 연면적 5,000m² 이상인 특정소방대상물(제조소등은 제외)
- 다중이용업의 영업장이 설치된 특정소방대상물로서 연면적이 2,000m² 이상인 것
- 제연설비가 설치된 터널
- 공공기관 중 연면적(터널·지하구의 경우 그 길이와 평균 폭을 곱하여 계산된 값을 말함)이 1,000m² 이상인 것으로서 옥내소화전설비 또는 자동화재탐지설비가 설치된 것(단, 소방대가 근무하는 공공기관은 제외)

| 정답 | ④

11 물과 반응하여 강한 수소를 발생시키기 때문에 화재 시 건조사 등을 사용해야 하는 화재는?

① A급화재
② B급화재
③ C급화재
④ D급화재

해설
- $Mg + 2H_2O \rightarrow Mg(OH)_2 + H_2$
- 마그네슘은 물과 반응하여 수산화마그네슘과 수소를 발생하므로 화재 시 건조사 등을 사용하여 소화한다.

꼼꼼 문제분석
화재의 분류

종류	기준	소화방법
일반화재 (A급화재)	나무, 섬유, 종이, 고무, 플라스틱류와 같은 일반 가연물이 타고 나서 재가 남는 화재	냉각소화
유류화재 (B급화재)	인화성 액체, 가연성 액체, 오일, 알코올 및 인화성 가스와 같은 유류가 타고 나서 재가 남지 않는 화재	질식·냉각소화
전기화재 (C급화재)	전류가 흐르고 있는 전기기기, 배선과 관련된 화재	이산화탄소, 분말소화약제
주방화재 (K급화재)	주방에서 동식물유를 취급하는 조리기구에서 일어나는 화재	비누화작용 및 냉각작용 동시에 필요
금속화재 (D급화재)	마그네슘 합금 등 가연성 금속에서 일어나는 화재	금속화재용 분말소화약제, 마른모래(건조사)

| 정답 | ④

12 소방안전관리자의 선임 및 벌칙에 대한 설명으로 옳지 않은 것은?

① 소방안전관리자 또는 소방안전관리보조자를 선임하지 아니한 자는 300만원 이하의 벌금에 처한다.
② 선임된 날로부터 6개월 이내, 그 이후 2년마다 1회 이상 실무교육을 받아야 한다.
③ 소방안전관리자 선임신고를 하지 아니한 자는 300만원 이하의 과태료 부과대상이다.
④ 소방안전관리자가 실무교육을 받지 아니한 경우 1년 이하의 기간을 정하여 자격을 정지시킬 수 있다.

해설
기간 내에 소방안전관리자 선임신고를 하지 아니하거나 소방안전관리자의 성명 등을 게시하지 아니한 자 : 200만원 이하의 과태료

| 정답 | ③

13 다음 중 자동방화셔터에 대한 설명으로 옳은 것은?

① 열을 감지한 경우 일부 폐쇄되는 구조일 것
② 방화문으로부터 5m 위치에 별도로 설치할 것
③ 전동방식이나 수동방식으로 개폐할 수 있을 것
④ 불꽃이나 연기를 감지한 경우 완전 폐쇄되는 구조일 것

해설
자동방화셔터의 설치 기준
• 피난이 가능한 60분+방화문 또는 60분방화문으로부터 3m 이내에 별도로 설치할 것
• 전동방식이나 수동방식으로 개폐할 수 있을 것
• 불꽃감지기 또는 연기감지기 중 하나와 열감지기를 설치할 것
• 불꽃이나 연기를 감지한 경우 일부 폐쇄되는 구조일 것
• 열을 감지한 경우 완전 폐쇄되는 구조일 것

| 정답 | ③

14 다음 중 온도의 크기를 비교한 것으로 옳은 것은?

① 인화점 < 연소점 < 발화점
② 인화점 < 발화점 < 연소점
③ 연소점 < 인화점 < 발화점
④ 연소점 < 발화점 < 인화점

해설
연소 용어

인화점	• 물질이 가연성 증기를 발생시켜 점화원(불꽃)이 있을 때 순간적으로 불이 붙을 수 있는 최저 온도(점화원이 있을 때만 불이 붙음. 불꽃이 없어지면 다시 꺼질 수 있는 가장 낮은 온도) • 불은 붙지만 계속 타지 않는 온도
연소점	• 물질이 점화원에 의해 불이 붙고, 점화원을 제거해도 지속적으로 연소가 가능한 온도(인화점보다 약간 높음) • 불이 계속 타는 온도
발화점	• 외부 점화원 없이도 물질 자체가 공기 중에서 자연적으로 불이 붙는 온도(가장 높은 온도) • 불이 저절로 붙는 온도

| 정답 | ①

15. 다음 중 산소를 함유하거나 산소를 발생시키는 위험물을 모두 고른 것은?

㉠ 제1류 위험물   ㉡ 제2류 위험물
㉢ 제3류 위험물   ㉣ 제4류 위험물
㉤ 제5류 위험물   ㉥ 제6류 위험물

① ㉠, ㉡, ㉤
② ㉠, ㉣, ㉥
③ ㉠, ㉤, ㉥
④ ㉡, ㉣, ㉤

해설
- 제1류 위험물(㉠), 제6류 위험물(㉥)은 산화성 고체와 산화성 액체로 산소공급원의 역할을 한다.
- 제5류 위험물(㉤)은 자기반응성 물질로 산소를 함유하고 있어 산소공급원의 역할을 한다.

| 정답 | ③

16. 다음 중 비화재보의 원인과 대책으로 옳지 않은 것은?

① 원인 : 천장형 온풍기에 밀접하게 설치된 경우
   대책 : 기류흐름 방향 외 이격 설치
② 원인 : 담배연기로 인한 연기감지기 동작
   대책 : 흡연구역에 환풍기 등 설치
③ 원인 : 청소불량(먼지·분진)에 의한 감지기 오동작
   대책 : 내부 먼지 제거 후 복구스위치 누름 또는 감지기 교체
④ 원인 : 주방에 비적응성 감지기가 설치된 경우
   대책 : 적응성 감지기(차동식 감지기)로 교체

해설
비화재보의 원인과 대책

주요원인	대책
주방에 '비적응성 감지기'가 설치된 경우	적응성 감지기(정온식 감지기 등)로 교체
'천장형 온풍기'에 밀접하게 설치된 경우	기류흐름 방향 외 이격 설치
'장마철 공기 중 습도 증가'에 의한 감지기 오작동	복구스위치 누름 혹은 작동된 감지기 복구
'청소불량(먼지·분진)'에 의한 감지기 오작동	내부 먼지 제거 후 복구스위치 누름 또는 감지기 교체
'건축물 누수'로 인한 감지기 오작동	누수 부분 방수처리 및 감지기 교체
담배연기로 인한 연기감지기 작동	흡연구역에 환풍기 등 설치
발신기를 장난으로 눌러 발신기 작동	입주자 소방안전교육을 통한 계도

| 정답 | ④

17 건축물 사용승인일이 2025년 1월 30일이라면 종합점검 시기와 작동점검 시기를 순서대로 바르게 나열한 것은?

① 종합점검 시기 : 1월, 작동점검 시기 : 7월
② 종합점검 시기 : 6월, 작동점검 시기 : 12월
③ 종합점검 시기 : 4월, 작동점검 시기 : 10월
④ 종합점검 시기 : 3월, 작동점검 시기 : 9월

해설
종합점검은 사용승인 달에 실시하므로 1월에, 작동점검은 종합점검을 받은 달부터 6개월이 되는 달에 실시하므로 7월에 실시한다.

꼼꼼 문제분석
소방시설등의 자체점검

종합점검	작동점검
사용승인 달에 실시	종합점검 받은 달부터 6개월이 되는 달에 실시

| 정답 | ①

18 다음 그림의 시험밸브함을 열어 밸브 개방 시 측정되어야 할 정상압력[MPa]의 범위로 올바른 것은?

① 0.1MPa 이상 1.2MPa 이하
② 0.17MPa 이상 0.7MPa 이하
③ 0.2MPa 이상 1.5MPa 이하
④ 0.98MPa 이상 1.7MPa 이하

해설
- 시험밸브함은 스프링클러설비에 사용
- 스프링클러설비의 방수압력 : 0.1MPa 이상 1.2MPa 이하

| 정답 | ①

19 층수가 17층인 특정소방대상물(아파트 제외)의 소방안전관리대상물로서 옳지 않은 것은?

① 30층 이상(지하층 포함)인 아파트
② 지상으로부터 높이가 120m 이상인 아파트
③ 연면적 15,000m² 이상인 특정소방대상물(아파트 제외)
④ 가연성 가스를 1,000톤 이상 저장 또는 취급하는 시설

해설
- 층수가 17층인 특정소방대상물(아파트 제외) : 1급 소방안전관리대상물
- 1급 소방안전관리대상물

선임대상물	• 30층 이상(지하층 제외)이거나 지상으로부터 높이가 120m 이상인 아파트 • 연면적 15,000m² 이상인 특정소방대상물(아파트 및 연립주택은 제외) • 지상층의 층수가 11층 이상인 특정소방대상물(아파트는 제외) • 가연성 가스를 1,000톤 이상 저장·취급하는 시설

| 정답 | ①

20 다음 중 물분무등소화설비의 종류가 아닌 것은?

① 미분무소화설비 ② 포소화설비
③ 분말소화설비 ④ 옥외소화전설비

해설
옥외소화전설비는 건축물 외부에 설치하는 물소화설비로, 화재 시 소방대상물의 외부에서의 소화 및 인접 건물로의 연소 확대 방지를 위해 설치하는 설비이다.

꼼꼼 문제분석
물분무등소화설비의 종류
- 미분무소화설비
- 이산화탄소소화설비
- 할로젠화합물 및 불활성기체소화설비
- 강화액소화설비
- 고체에어로졸소화설비
- 물분무소화설비
- 포소화설비
- 할론소화설비
- 분말소화설비

| 정답 | ④

21 다음은 준비작동식 스프링클러설비의 작동순서를 나타낸 것이다. 작동순서가 옳게 나열된 것은?

> ㉠ 화재 발생
> ㉡ 감지기 A and B 감지기 작동 또는 수동기동장치(SVP) 작동
> ㉢ 준비작동식 유수검지장치 작동
> ㉣ 교차회로 방식의 A or B 감지기 작동(경종 또는 사이렌 경보, 화재표시등 점등)
> ㉤ 배관 내 압력 저하로 기동용 수압개폐장치의 압력스위치 작동 → 펌프 기동
> ㉥ 2차 측으로 급수
> ㉦ 헤드 개방, 방수

① ㉠ → ㉣ → ㉡ → ㉢ → ㉥ → ㉦ → ㉤
② ㉠ → ㉣ → ㉥ → ㉤ → ㉡ → ㉢ → ㉦
③ ㉠ → ㉡ → ㉢ → ㉥ → ㉣ → ㉦ → ㉤
④ ㉠ → ㉡ → ㉢ → ㉥ → ㉣ → ㉤ → ㉦

해설

준비작동식 스프링클러설비의 작동순서
- 화재 발생
- 교차회로 방식의 A or B 감지기 작동(경종 또는 사이렌 경보, 화재표시등 점등)
- 감지기 A and B 감지기 작동 또는 수동기동장치(SVP) 작동
- 준비작동식 유수검지장치 작동
- 2차 측으로 급수
- 헤드 개방, 방수
- 배관 내 압력 저하로 기동용 수압개폐장치의 압력스위치 작동 → 펌프 기동

|정답| ①

22 다음 중 전기화재의 원인이 아닌 것은?

① 지락에 의한 발화
② 누전에 의한 발화
③ 단선에 의한 발화
④ 접촉부의 과열에 의한 발화

해설

단선은 전선이 끊어진 상태로, 전기 흐름이 끊겨도 화재로 이어지지는 않는다.

|정답| ③

23. 바닥면적 500m²의 근린생활시설에는 ABC급 분말소화기를 몇 단위로 비치해야 하는가? (단, 이 건물은 스프링클러가 설치되어 있다)

① 1단위
② 5단위
③ 10단위
④ 15단위

해설

- 특정소방대상물별 소화기구의 능력단위 기준

특정소방대상물	소화기구의 능력단위
근린생활시설·판매시설·운수시설·숙박시설·노유자 시설·전시장·공동주택·업무시설·방송통신시설·공장·창고시설·항공기 및 자동차 관련 시설 및 관광휴게시설	해당 용도의 바닥면적 100m²마다 능력단위 1단위 이상

- 근린생활시설에 비치하는 소화기구의 능력단위는 바닥면적 100m²마다 1단위 이상으로 한다.

∴ 능력단위 = $\dfrac{500m^2}{100m^2}$ = 5단위

| 정답 | ②

24. 5년 이하의 징역 또는 5천만원 이하의 벌금 대상으로 옳지 않은 것은?

① 위력을 사용하여 출동한 소방대의 화재진압·인명구조 또는 구급활동을 방해하는 행위를 한 사람
② 화재가 발생하거나 불이 번질 우려가 있는 소방대상물의 강제처분을 방해한 자
③ 출동한 소방대원에게 폭행 또는 협박을 행사하여 화재진압·인명구조 또는 구급활동을 방해하는 행위를 한 사람
④ 출동한 소방대의 소방장비를 파손하거나 그 효용을 해하여 화재집압·인명구조 또는 구급활동을 방해하는 행위를 한 사람

해설

화재가 발생하거나 불이 번질 우려가 있는 소방대상물 및 토지의 강제처분을 방해한 자 또는 정당한 사유 없이 그 처분에 따르지 아니한 자 : 3년 이하의 징역 또는 3천만원 이하의 벌금

| 정답 | ②

25 건축관계법령상 피난계단의 종류 중 옥외피난계단의 피난 시 이동경로로 옳은 것은?

① 옥내 → 계단실 → 피난층
② 옥내 → 옥외계단 → 지상층
③ 옥내 → 부속실 → 계단실 → 피난층
④ 옥내 → 옥외계단 → 계단실 → 피난층

해설
피난계단의 종류 및 피난 시 이동경로

옥외피난계단 피난 시 이동경로	옥내 → 옥외계단 → 지상층
옥내피난계단 피난 시 이동경로	옥내 → 계단실 → 피난층
특별피난계단 피난 시 이동경로	옥내 → 부속실 → 계단실 → 피난층

|정답| ②

26 다음 옥내소화전 감시제어반의 스위치 상태를 보고 옳은 것을 고르시오.

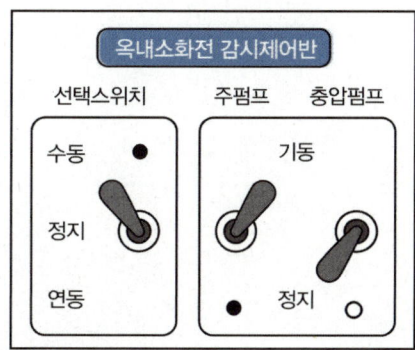

① 충압펌프를 수동으로 기동 중이다.
② 주펌프를 수동으로 기동 중이다.
③ 충압펌프를 자동으로 기동 중이다.
④ 주펌프를 자동으로 기동 중이다.

해설
선택스위치가 수동, 주펌프는 기동이므로 주펌프를 수동으로 기동 중이다.

|정답| ②

27 수신기의 예비전원시험을 진행한 결과 다음과 같이 수신기의 표시등이 점등되었을 때 조치사항으로 옳은 것은?

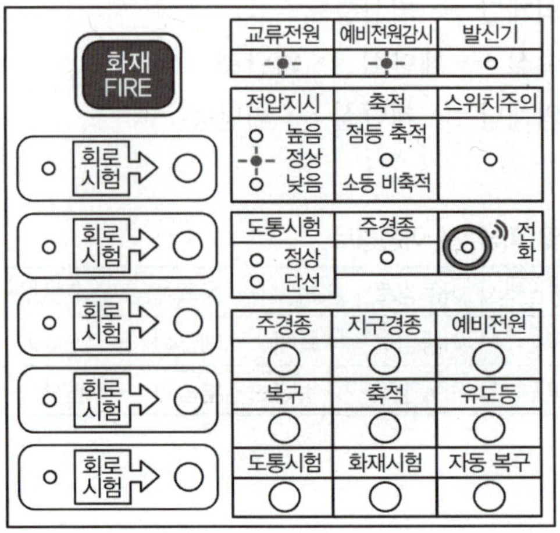

① 축적스위치를 누름
② 복구스위치를 누름
③ 예비전원시험스위치 불량 여부 확인
④ 예비전원 불량 여부 확인

해설
예비전원감시램프가 점등되어 있으므로 예비전원 불량 여부를 확인한다.

| 정답 | ④

28 가스계 소화설비의 점검을 위해 기동용기와 SOL밸브를 분리하였다. 감지기를 동작시킨 경우 확인되는 사항으로 옳지 않은 것은? (단, 교차회로감지기 2개를 작동한다)

① 방출표시등 점등
② 제어반 화재 표시
③ 사이렌 또는 경종 동작
④ 솔레노이드밸브 파괴침 동작

해설
기동용기와 솔레노이드밸브를 분리한 다음 감지기를 동작시켰으므로 방출표시등은 점등되지 않는다. 방출표시등은 압력스위치 동작에 의해 점등된다.

| 정답 | ①

29 다음 그림과 같이 펌프를 기동하여 소화를 하려고 하는데 가압수가 나오지 않는다면 이는 어떤 경우인가?

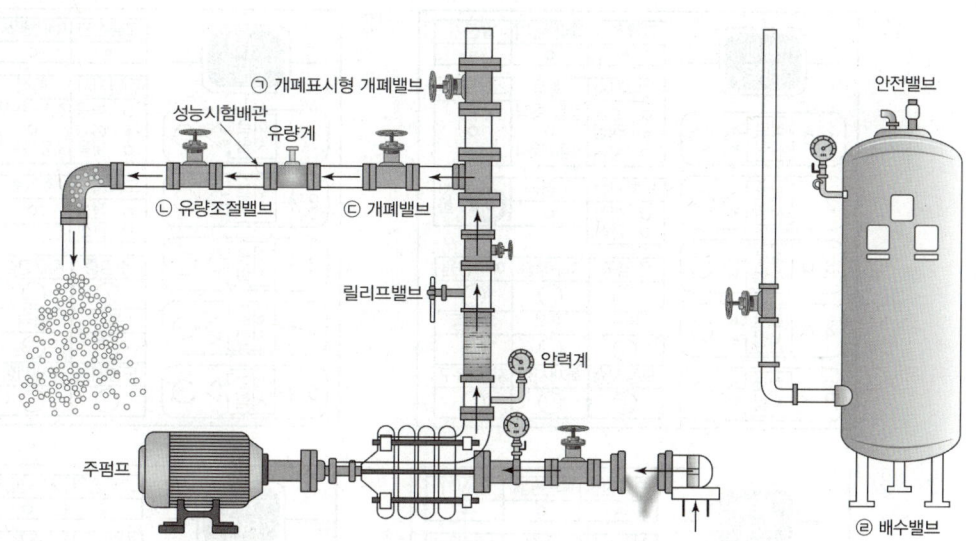

① ㉠ 개폐표시형 개폐밸브를 폐쇄하였을 때
② ㉡ 유량조절밸브를 폐쇄하였을 때
③ ㉢ 개폐밸브를 폐쇄하였을 때
④ ㉣ 배수밸브를 폐쇄하였을 때

해설
개폐표시형 개폐밸브(㉠)를 폐쇄하면 배관이 막혀 가압수가 나오지 않는다.

| 정답 | ①

30 건물 내 2층에서 발신기 오작동이 발생하였다. 수신기의 상태로 볼 수 있는 것은? (단, 건물은 직상 4개 층 경보방식이다)

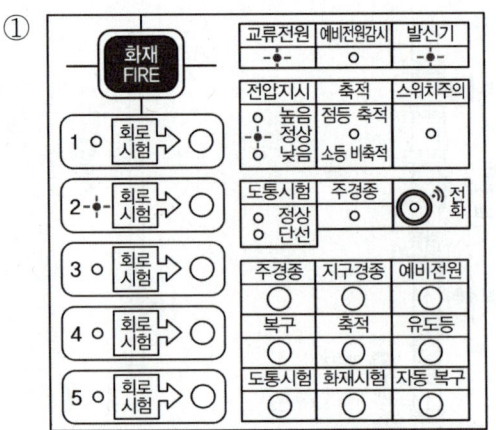
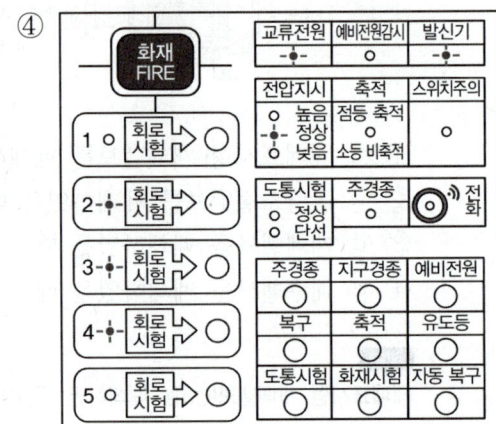

해설

- 층수가 11층(공동주택의 경우 16층) 이상의 특정소방대상물은 다음의 기준의 따라 경보를 발할 수 있어야 한다.

2층 이상의 층에서 발화	발화층 및 그 직상 4개 층에 경보를 발할 것
1층에서 발화	발화층·그 직상 4개 층 및 지하층에 경보를 발할 것
지하층에서 발화	발화층·그 직상층 및 기타의 지하층에 경보를 발할 것

- 2층에서 발신기 오작동이 발생하였으므로 지구표시등은 2층(발화층)에만 점등된다.
- 경보층은 발화층 및 직상 4개 층이므로 경종은 2~6층이 울린다.

| 정답 | ①

31 다음 중 스프링클러설비에 대한 설명으로 옳은 것은?

① 스프링클러설비의 방수량은 80m³/min이다.
② 스프링클러설비의 방수압력은 0.17MPa 이상 0.7MPa 이하이다.
③ 헤드의 부착 높이가 8m 미만인 경우 스프링클러헤드의 기준개수는 10개이다.
④ 스프링클러헤드의 방수구에서 유출되는 물을 세분화시키는 부품을 프레임이라 한다.

해설

- 스프링클러헤드의 기준개수

헤드의 부착 높이가 8m 이상인 것	20개
헤드의 부착 높이가 8m 미만인 것	10개

- 스프링클러설비의 방수량은 80L/min이다.
- 스프링클러설비의 방수압력은 0.1MPa 이상 1.2MPa 이하이다.
- 스프링클러헤드의 방수구에서 유출되는 물을 세분화시키는 부품은 디플렉터(반사판)이다. 프레임은 헤드의 나사 부분과 디플렉터(반사판)를 연결하는 이음쇠 부분을 말한다.

|정답| ③

32 유도등은 2선식 배선이 원칙이지만 상시 충전되는 구조의 3선식 배선이 가능한 경우가 있다. 이에 해당하지 않는 것은?

① 특정소방대상물 또는 그 부분에 사람이 있는 경우
② 공연장, 암실 등으로 어두워야 할 필요가 있는 장소
③ 특정소방대상물의 관계인 또는 종사원이 주로 사용하는 장소
④ 외부의 빛에 의해 피난구 또는 피난방향을 쉽게 식별할 수 있는 구조

해설

유도등 점검
전기회로에 점멸기를 설치하지 않고 항상 점등상태(2선식)를 유지할 것. 다만, 특정 소방대상물 또는 그 부분에 사람이 없거나 다음의 장소에 상시 충전되는 3선식 배선으로 가능하다.
- 외부의 빛에 의해 피난구 또는 피난방향을 쉽게 식별할 수 있는 구조
- 공연장, 암실 등으로 어두워야 할 필요가 있는 장소
- 특정소방대상물의 관계인 또는 종사원이 주로 사용하는 장소

|정답| ①

33 다음 옥내소화전의 감시제어반과 동력제어반에서 주펌프를 수동으로 기동시키기 위하여 조작해야 할 스위치로 옳은 것은? (단, 설비는 정상상태이며 제시된 조건을 제외한 나머지 조건은 무시한다)

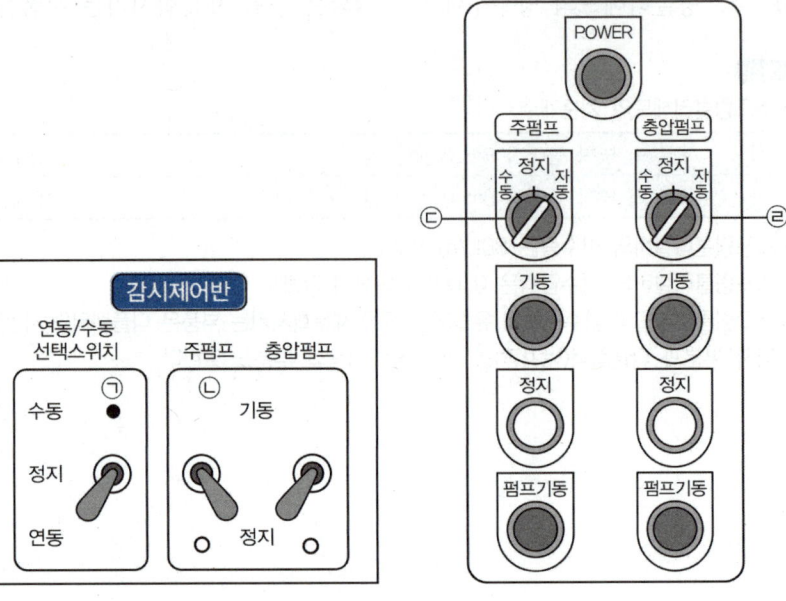

① ㉠만 수동으로 조작
② ㉠은 연동에 두고 ㉡을 기동으로 조작
③ ㉢을 수동으로 두고 기동버튼 누름
④ ㉣을 수동으로 두고 기동버튼 누름

해설

주펌프(충압펌프)를 수동으로 기동하는 방법

감시제어반에서 기동 시	동력제어반에서 기동 시
선택스위치 : 수동 주펌프(충압펌프) 스위치 : 기동	주펌프(충압펌프) 스위치 : 수동 주펌프(충압펌프) 기동버튼 : 누름

|정답| ③

34 다음 중 옥내소화전함의 설치기준에 대한 설명으로 옳은 것은?

① 방수구는 층마다 설치할 것
② 방수구는 바닥으로부터 높이 1m 이하가 되도록 할 것
③ 호스릴 옥내소화설비가 아닌 경우 소화전 호스는 구경 25mm 이상으로 할 것
④ 특정소방대상물 각 부분으로부터 1개의 옥내소화전 방수구까지의 수평거리는 40m 이하가 되도록 할 것

해설
옥내소화전함의 설치기준

방수구	• 특정소방대상물의 층마다 설치하되, 해당 특정소방대상물의 각 부분으로부터 1개의 옥내소화전 방수구까지의 수평거리가 25m 이하가 되도록 할 것 • 바닥으로부터의 높이가 1.5m 이하가 되도록 할 것
호스	호스는 구경 40mm(호스릴 옥내소화전설비의 경우에는 25mm) 이상인 것으로서 특정소방대상물의 각 부분에 물이 유효하게 뿌려질 수 있는 길이로 설치할 것

| 정답 | ①

35 다음은 습식 스프링클러설비 점검 그림이다. 점검 시 스프링클러설비의 상태로 옳지 않은 것은? (단, 설비는 정상상태이며, 제시된 조건을 제외하고 나머지 조건은 무시한다)

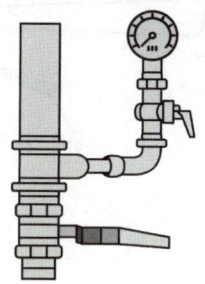

① 감지기 동작
② 알람밸브 동작
③ 주, 충압펌프 동작
④ 사이렌 동작

해설
습식 스프링클러설비는 감지기를 사용하지 않는다.

꼼꼼 문제분석
습식 스프링클러설비의 점검
• 시험장치 개폐밸브(시험밸브)를 개방하여 가압수를 배출시킨다.
• 알람밸브 2차 측 압력이 저하되어 클래퍼가 개방(작동)된다.
• 지연장치에 의해 설정시간 지연 후 압력스위치가 작동된다.

| 정답 | ①

36 옥내소화전 방수압력시험에 필요한 장비로 옳은 것은?

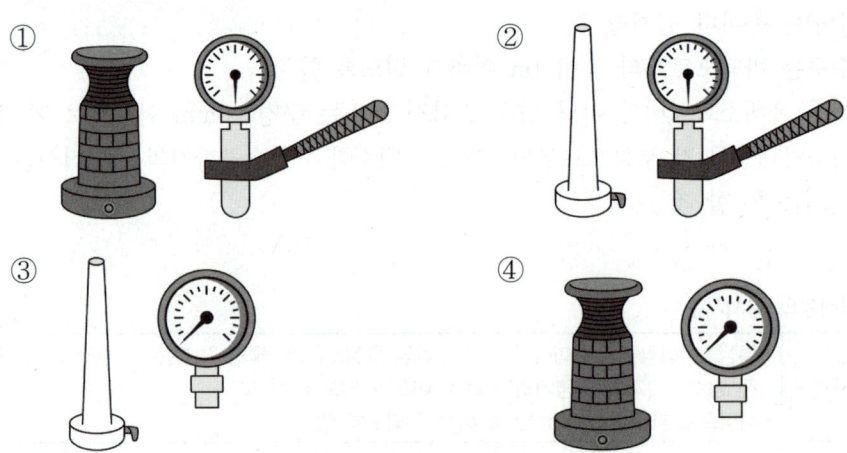

해설
옥내소화전 방수압력 측정 시 직사형 관창과 방수압력 측정계(피토게이지)가 필요하다.

꼼꼼 문제분석
옥내소화전설비의 방수압력 측정
방수구에 호스를 결속한 상태로 노즐의 선단에 방수압력 측정계(피토게이지)를 근접(D/2)시켜서 측정하여 방수압력 측정계(피토게이지)의 압력계상의 눈금을 확인한다.

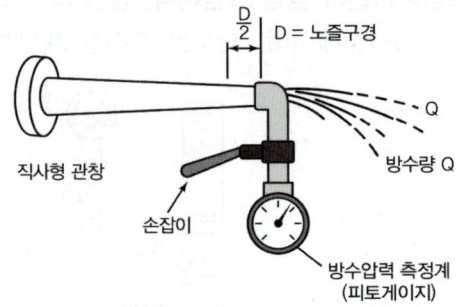

| 정답 | ②

37 동력제어반 상태가 다음과 같았을 때 감시제어반의 예상되는 모습으로 옳은 것은? (단, 현재 감시제어반에서 펌프를 수동조작하고 있다)

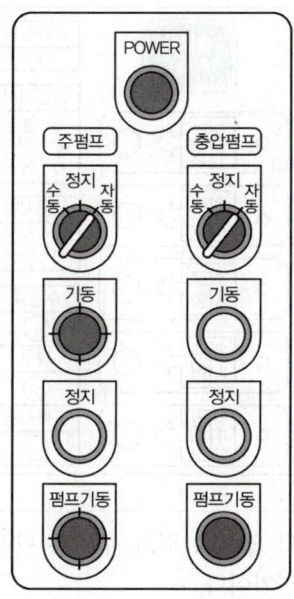

① 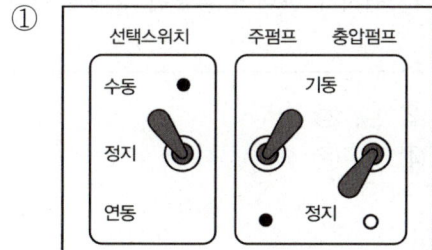   ②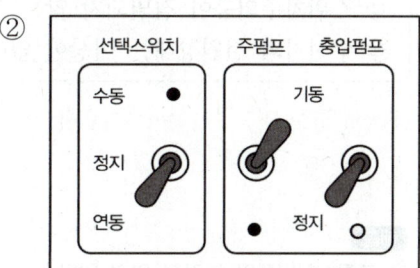

③ 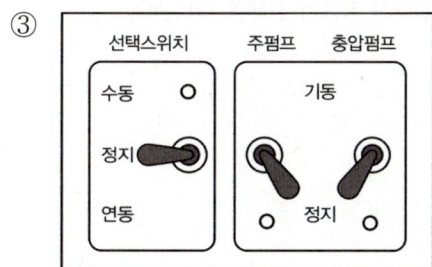   ④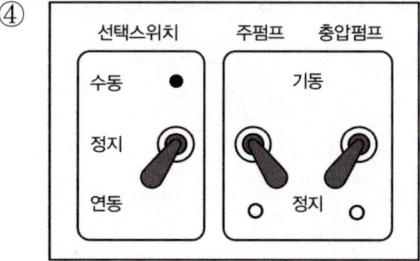

해설
동력제어반에서 주펌프의 기동표시등과 펌프기동표시등이 점등되어 있으므로 감시제어반에서 펌프를 수동조작하고 있음을 알 수 있다.
→ 선택스위치 : 수동, 주펌프 : 기동, 충압펌프 : 정지

|정답| ①

38 다음 그림은 자동화재탐지설비 수신기의 작동상태를 나타낸 것이다. 다음 중 옳은 것을 모두 고른 것은?

㉠ 도통시험을 실시하고 있으며 좌측 구역은 단선이다.
㉡ 화재경보기기는 발신기이다.
㉢ 스위치주의등이 점멸되지 않는 것은 조작스위치가 눌려져 작동된 상태를 나타낸다.
㉣ 수신기의 전원상태는 이상이 없다.

① ㉠, ㉡   ② ㉡, ㉢
③ ㉢, ㉣   ④ ㉡, ㉣

해설
㉠ 도통시험버튼이 눌려져 있지 않다.
㉢ 스위치주의등이 점멸된다는 것은 조작스위치가 눌려져 작동된 상태를 나타낸다.

| 정답 | ④

39 다음 그림과 같은 자동화재탐지설비 수신기에서 회로도통시험을 하려고 한다. 가장 먼저 눌러야 하는 스위치는?

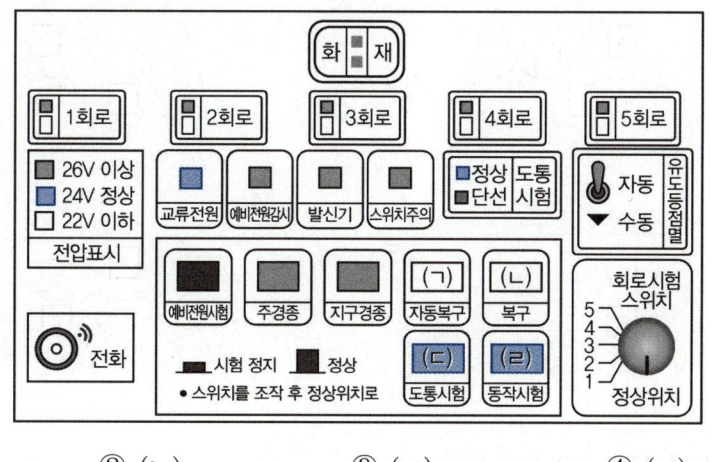

① (ㄱ)   ② (ㄴ)   ③ (ㄷ)   ④ (ㄹ)

해설
회로도통시험 시 도통시험스위치(ㄷ)를 가장 먼저 누른다.

| 정답 | ③

40 다음에서 설명하는 지혈법은 무엇인가?

- 출혈 상처 부위를 직접 압박하는 방법으로 소독거즈로 출혈 부위를 덮은 후 4~6인치 압박붕대로 출혈 부위가 압박되게 감아준다.
- 압박 후 출혈이 계속되면 소독된 거즈를 추가로 덮고 압박붕대를 한 번 더 감고 출혈 부위를 심장보다 높여줌으로써 출혈량을 감소시킬 수 있다.

① 직접압박법   ② 간접압박법
③ 지혈대 사용법   ④ 간헐적 압박법

해설
직접압박법
출혈 상처 부위를 직접 압박하는 방법으로, 소독거즈나 압박붕대로 출혈 부위를 덮은 후 4~6인치 탄력붕대로 출혈 부위가 압박되게 감아준다.

| 정답 | ①

41 자동심장충격기 패드의 부착위치로 옳은 것은?

① 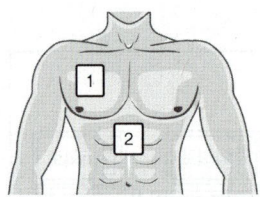   ②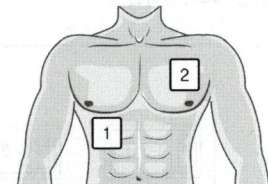

③ 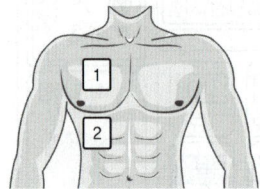   ④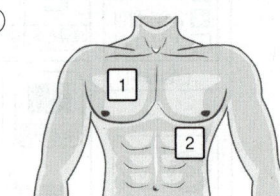

해설
자동심장충격기 패드의 부착 위치
- 패드 1 : 오른쪽 빗장뼈 아래
- 패드 2 : 왼쪽 젖꼭지 아래의 중간겨드랑선

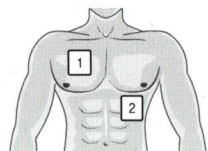

| 정답 | ④

42 다음은 소방교육 및 훈련의 실시원칙 중 무엇에 대한 내용인가?

- 어떠한 기술을 어느 정도까지 익혀야 하는가를 명확히 제시한다.
- 습득해야 할 기술이 활동 전체에서 어느 위치에 있는가를 인식하도록 한다.

① 현실의 원칙   ② 실습의 원칙
③ 경험의 원칙   ④ 목적의 원칙

해설
소방교육 및 훈련의 실시원칙 중 목적의 원칙
- 어떠한 기술을 어느 정도까지 익혀야 하는가를 명확히 제시한다.
- 습득하여야 할 기술이 활동 전체에서 어느 위치에 있는가를 인식하도록 한다.

| 정답 | ④

43 계단감지기 점검 시 수신기에 나타나는 모습으로 옳은 것은?

상중하

①
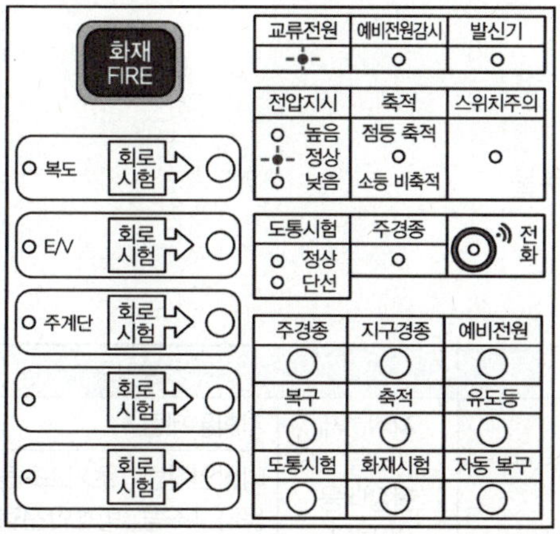

②
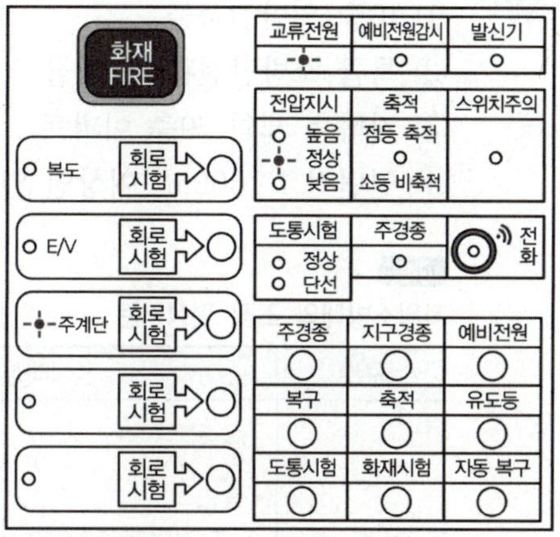

③
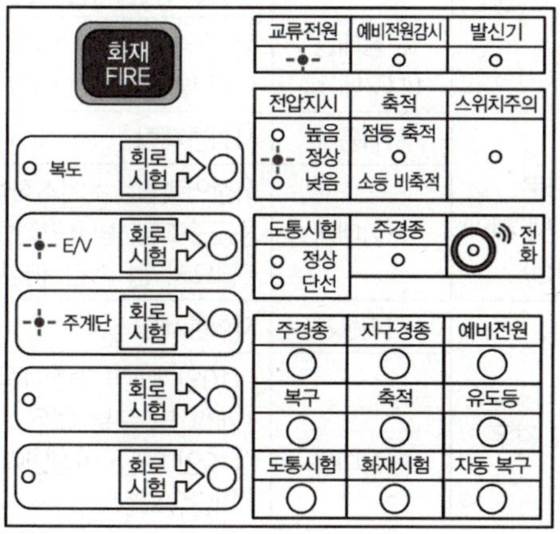

④
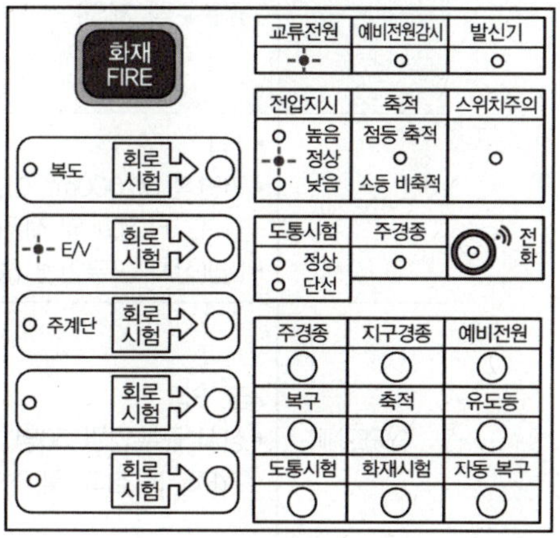

해설

계단감지기 점검 시에는 계단램프가 점등되어 있어야 한다.

| 정답 | ②

44 다음 중 추운 곳에 설치하기 곤란한 스프링클러설비는?

상중하

① 습식　② 건식
③ 준비작동식　④ 일제살수식

해설

습식 스프링클러설비는 추운 환경에서 파이프 내의 물이 얼어붙을 위험이 있으므로, 이러한 조건에서는 사용하기에 적합하지 않다.

| 정답 | ①

45 자위소방대의 조직 편성기준에 따라 Type Ⅰ로 조직해야 하는 대상은?

① 10층 일반건축물
② 특급 소방안전관리대상물
③ 지하층 제외 29층 아파트
④ 연면적 10,000m² 이상인 일반건축물

해설
자위소방대의 조직 편성기준

구분	편성대상	편성기준	
TYPE Ⅰ	• 특급 • 1급(연면적 30,000m² 이상 포함 – 공동주택 제외)	지휘통제	지휘통제팀
		현장대응 (본부대)	비상연락팀, 초기소화팀, 피난유도팀, 응급구조팀, 방호안전팀 * 필요시 팀 가감 편성
		현장대응 (지구대 n)	각 구역(Zone)별 현장대응팀 * 구역별 규모, 인력에 따라 편성
TYPE Ⅱ	• 1급 * 연면적 30,000m² 이상의 경우 TYPE Ⅰ 참고 및 적용(공동주택 제외) • 2급(상시 근무인원 50명 이상)	지휘통제	지휘통제팀
		현장대응	비상연락팀, 초기소화팀, 피난유도팀, 응급구조팀, 방호안전팀 * 필요시 팀 가감 편성
TYPE Ⅲ	2급, 3급 * 상시 근무인원 50명 이상의 경우 TYPE Ⅱ 참고 및 적용	지휘통제	지휘통제팀
		현장대응	• (10인 미만) 현장대응팀 * 개별 팀 구분 없음 • (10인 이상) 비상연락팀, 초기소화팀, 피난유도팀 * 필요시 팀 가감 편성
초기대응 체계	상시근무 또는 거주인원	초기대응	초기대응팀(휴일야간 포함)

|정답| ②

46 최상층의 옥내소화전설비 방수압력을 시험하고 있다. 다음 그림을 보고 옥내소화전설비의 동력제어반 상태, 점검결과, 불량내용이 순서대로 옳은 것은? (단, 동력제어반 정상위치 여부만 판단한다)

① 펌프수동기동, ×, 펌프 자동 기동불가
② 펌프수동기동, ○, 이상 없음
③ 펌프자동기동, ○, 이상 없음
④ 펌프자동기동, ×, 알 수 없음

해설
- 동력제어반 선택스위치가 자동이고, 기동램프가 점등되어 있다.
- 점검결과 불량내용이 이상 없으므로 점검결과는 ○이고, 불량내용은 이상 없음이다.

| 정답 | ③

47 일반인 심폐소생술의 시행순서로 옳은 것은?

㉠ 호흡 확인   ㉡ 반응 확인
㉢ 인공호흡 2회 시행   ㉣ 가슴압박 30회 시행
㉤ 가슴압박과 인공호흡의 반복   ㉥ 주변 사람에게 119 신고 요청
㉦ 회복자세로 눕혀 기도 확보

① ㉠ → ㉥ → ㉡ → ㉣ → ㉢ → ㉤ → ㉦
② ㉡ → ㉥ → ㉠ → ㉣ → ㉢ → ㉤ → ㉦
③ ㉠ → ㉥ → ㉡ → ㉢ → ㉣ → ㉤ → ㉦
④ ㉡ → ㉥ → ㉠ → ㉤ → ㉢ → ㉣ → ㉦

해설
일반인 심폐소생술 시행방법
반응 확인 → 119 신고 → 호흡 확인 → 가슴압박 30회 시행 → 인공호흡 2회 시행 → 가슴압박과 인공호흡의 반복 → 회복자세

| 정답 | ②

48 다음 그림은 P형 수신기의 도통시험을 위해 도통시험버튼 및 회로 3번 시험버튼을 누른 모습이다. 다음 점검표에 작성할 내용으로 옳은 것은? (단, 회로 1, 2, 4, 5번의 점검결과는 회로 3번과 같다)

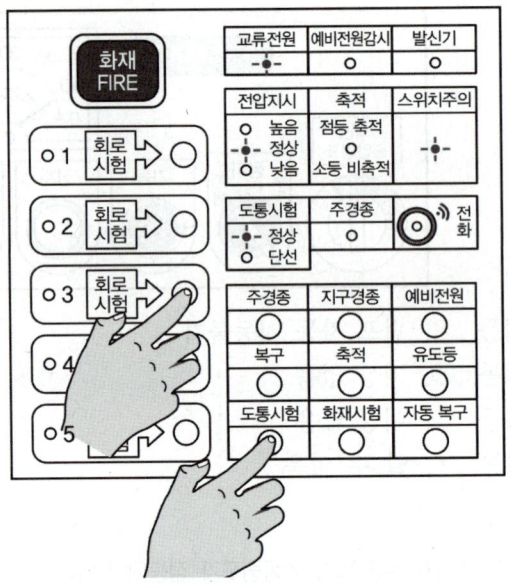

점검항목	점검내용	점검결과	
		결과	불량내용
수신기 도통시험	회로 단선 여부	㉠	㉡

① ㉠ ×, ㉡ 회로 1, 2번의 단선 여부를 확인할 수 없음
② ㉠ ○, ㉡ 이상 없음
③ ㉠ ×, ㉡ 회로 1번 단선
④ ㉠ ○, ㉡ 회로 3번은 정상이고 나머지 회선은 단선

해설
도통시험램프가 정상으로 점등되어 있으므로 회로 단선 여부를 알 수 있고, 불량내용은 이상 없다.

|정답| ②

49 다음 그림은 수신기의 일부분이다. 그림과 관련된 설명 중 옳은 것은?

① 수신기스위치 상태는 정상이다.
② 예비전원을 확인하여 교체한다.
③ 수신기 교류전원에 문제가 발생했다.
④ 예비전원이 정상상태임을 표시한다.

> **해설**
> - 예비전원감시램프가 점등되어 있으므로 예비전원은 비정상상태이다. 따라서 예비전원을 확인하여 교체한다.
> - 스위치주의등이 점멸하고 있는 이유는 지구경종스위치가 눌렸기 때문이고 점멸하고 있으므로 상태는 비정상이다.
> - 교류전원램프가 점등되어 있으나 전압지시는 정상이므로 수신기 교류전원에는 문제가 없다.

|정답| ②

50 건축물의 외벽의 중심선으로 둘러싸인 부분의 수평투영면적을 의미하는 것은?

① 연면적　　　　　　　　　② 대지면적
③ 용적률　　　　　　　　　④ 건축면적

> **해설**
>
> | | |
> |---|---|
> | 건축면적 | 건축물의 외벽(외벽이 없는 경우에는 외곽 부분의 기둥)의 중심선으로 둘러싸인 부분의 수평투영면적 |
> | 연면적 | 하나의 건축물의 각 층의 바닥면적의 합계 |
> | 용적률 | 대지면적에 대한 연면적(대지에 2 이상의 건축물이 있는 경우에는 이들 연면적의 합계)의 비율 |

|정답| ④

2023년 기출복원문제

01 다음 중 소방안전관리 업무의 대행이 가능한 소방안전관리대상물은?

① 연면적 20,000m² 이상인 전시장
② 지상으로부터 높이가 200m 이상인 아파트
③ 아파트를 제외하고 지하 3층, 지상 30층인 특정소방대상물
④ 아파트를 제외하고 연면적 10,000m²의 층수가 11층인 특정소방대상물

해설
소방안전관리 업무의 대행이 가능한 소방안전관리대상물
- 지상층의 층수가 11층 이상인 1급 소방안전관리대상물(연면적 15,000m² 이상인 특정소방대상물과 아파트 제외)
- 2급 및 3급 소방안전관리대상물

| 정답 | ④

02 소방기본법에 따른 한국소방안전원의 설립 목적 및 업무가 아닌 것은?

① 소방기술과 안전관리기술의 향상 및 홍보
② 「위험물안전관리법」에 따른 탱크안전성능시험
③ 교육·훈련 등 행정기관이 위탁하는 업무의 수행
④ 소방관계 종사자의 기술 향상

해설
한국소방안전원의 설립 목적 및 업무

설립 목적	• 소방기술과 안전관리기술의 향상 및 홍보 • 교육·훈련 등 행정기관이 위탁하는 업무의 수행 • 소방관계 종사자의 기술 향상
업무	• 소방기술과 안전관리에 관한 교육 및 조사·연구 • 소방기술과 안전관리에 관한 각종 간행물 발간 • 화재예방과 안전관리의식 고취를 위한 대국민 홍보 • 소방업무에 관하여 행정기관이 위탁하는 업무 • 소방안전에 관한 국제협력 • 그 밖에 회원에 대한 기술지원 등 정관으로 정하는 사항

| 정답 | ②

03 다음 중 소방대의 조직체가 아닌 것은?

① 소방공무원　　　　　　② 의무소방원
③ 청원소방원　　　　　　④ 의용소방대원

[해설]
소방대란 화재를 진압하고 화재, 재난·재해, 그 밖의 위급한 상황에서 구조·구급활동 등을 하기 위하여 다음의 사람으로 구성된 조직체를 말한다.
• 소방공무원
• 의무소방원
• 의용소방대원

|정답| ③

04 자체점검(작동점검 또는 종합점검)을 실시한 자는 점검결과를 몇 년간 보관하여야 하는가?

① 1년　　　　② 2년　　　　③ 3년　　　　④ 5년

[해설]
자체점검을 실시한 자는 점검결과를 2년간 보관해야 한다.

|정답| ②

05 가연성 물질의 구비조건으로 옳은 것은?

① 산소와의 친화력이 작다.　　② 표면적이 작다.
③ 발열량이 작다.　　　　　　④ 열전도율이 작다.

[해설]
가연물의 구비조건
• 화학반응을 일으킬 때 필요한 활성화에너지(최소 점화에너지)의 값이 작아야 한다.
• 일반적으로 산화되기 쉬운 물질로서 산소와 결합할 때 발열량이 커야 한다.
• 열의 축적이 용이하도록 열전도도가 작아야 한다.
• 조연성 가스인 산소·염소와의 친화력이 강해야 한다.
• 산소와 접촉할 수 있는 표면적이 큰 물질이어야 한다(기체 > 액체 > 고체).
• 연쇄반응을 일으킬 수 있는 물질이어야 한다.

|정답| ④

06 화재안전조사 항목에 대한 사항으로 옳지 않은 것은?

① 특정소방대상물 및 관계지역에 대한 강제처분에 관한 사항
② 소방안전관리 업무 수행에 관한 사항
③ 화재의 예방조치 등에 관한 사항
④ 소방시설등의 자체점검에 관한 사항

해설
화재안전조사 항목
- 화재의 예방조치 등에 관한 사항
- 소방안전관리 업무 수행에 관한 사항
- 피난계획의 수립 및 시행에 관한 사항
- 소화·통보·피난 등의 훈련 및 소방안전관리에 필요한 교육(소방훈련·교육)에 관한 사항
- 소방자동차 전용구역의 설치에 관한 사항
- 시공, 감리 및 감리원의 배치에 관한 사항
- 소방시설 및 건설현장 임시소방시설의 설치 및 관리에 관한 사항
- 피난시설, 방화구획 및 방화시설의 관리에 관한 사항
- 방염에 관한 사항
- 소방시설등의 자체점검에 관한 사항
- 「다중이용업소의 안전관리에 관한 특별법」의 규정에 따른 안전관리에 관한 사항
- 「위험물안전관리법」에 따른 위험물 안전관리에 관한 사항
- 「초고층 및 지하연계 복합건축물 재난관리에 관한 특별법」에 따른 초고층 및 지하연계 복합건축물의 안전관리에 관한 사항
- 그 밖에 소방대상물에 화재의 발생 위험이 있는지 등을 확인하기 위해 소방관서장이 화재안전조사가 필요하다고 인정하는 사항

| 정답 | ①

07 다음 중 피난기구에 해당하지 않는 것은?

① 완강기
② 유도등
③ 구조대
④ 피난사다리

해설
유도등은 피난구조설비이다.

꼼꼼 문제분석
피난기구의 종류
- 구조대
- 완강기
- 간이완강기
- 피난사다리
- 미끄럼대
- 다수인 피난장비
- 기타 피난기구(피난용 트랩, 공기안전매트 등)

| 정답 | ②

08 열 전달에 대한 설명 중 화재에서 화염의 접촉 없이 연소가 확산되는 현상을 무엇이라 하는가?

① 전도 ② 대류 ③ 복사 ④ 비화

해설
복사
- 화재 시 열의 이동에 가장 크게 작용하는 열 이동방식으로 모든 물체의 온도 때문에 열에너지를 파장의 형태로 계속적으로 방사하며, 그렇게 방사하는 에너지를 열복사라 한다(예 양지바른 곳에서 햇볕을 쬐면 따뜻해짐).
- 화재에서 화염의 접촉 없이 연소가 확산되는 현상으로, 화재 현장에서 인접 건물을 연소시키는 주된 원인이다.

| 정답 | ③

09 연기의 수평방향 확산속도는?

① 0.5 ~ 1.0m/s ② 1.0 ~ 1.2m/s
③ 2 ~ 3m/s ④ 3 ~ 5m/s

해설
연기의 유동 및 확산은 벽 및 천장을 따라 진행하며, 일반적으로 확산속도는 다음과 같다.
- 수평방향 : 0.5 ~ 1m/sec
- 수직방향 : 2 ~ 3m/sec
- 계단실 내의 수직이동속도 : 3 ~ 5m/sec

| 정답 | ①

10 허가기관에서 건축허가 등의 취소 시 며칠 이내에 취소 통보를 해야 하는가?

① 4일 이내 ② 5일 이내
③ 6일 이내 ④ 7일 이내

해설
건축허가 등의 동의를 요구한 기관이 그 건축허가 등을 취소했을 때에는 취소한 날부터 7일 이내에 건축물 등의 시공지 또는 소재지를 관할하는 소방본부장 또는 소방서장에게 그 사실을 통보해야 한다.

| 정답 | ④

11 액화석유가스(LPG)에 대한 설명으로 옳지 않은 것은?

① 가정용, 공업용으로 주로 사용된다.
② CH_4가 주성분이다.
③ 프로판의 폭발범위는 2.1~9.5%이다.
④ 비중이 1.5~2로 누출 시 낮은 곳으로 체류한다.

해설

연료가스의 종류와 특성

구분	액화석유가스(LPG)	액화천연가스(LNG)
주성분	프로판(C_3H_8), 부탄(C_4H_{10})	메탄(CH_4)
용도	가정용, 공업용, 자동차 연료용	도시가스
비중	1.5~2(누출 시 낮은 곳에 체류)	0.6(누출 시 천장 쪽에 체류)
폭발범위	• 프로판 : 2.1~9.5% • 부탄 : 1.8~8.4%	5~15%

|정답| ②

12 옥내소화전설비에 대한 설명으로 옳은 것은?

① 옥내소화전(2개 이상인 경우 2개, 고층건축물의 경우 최대 5개)을 동시에 방수할 경우 방수압력은 0.17MPa 이상 0.7MPa 이하가 되어야 한다.
② 옥내소화전(2개 이상인 경우 2개, 고층건축물의 경우 최대 5개)을 동시에 방수할 경우 방수량은 350L/min 이상이어야 한다.
③ 방수구는 바닥으로부터 0.8m 이상 1.5m 이하의 위치에 설치한다.
④ 옥내소화전설비의 호스의 구경은 25mm 이상의 것을 사용하여야 한다.

해설

옥내소화전설비의 설치기준
• 옥내소화전(2개 이상인 경우 2개, 고층건축물의 경우 최대 5개)을 동시에 방수할 경우 방수압력은 0.17MPa 이상 0.7MPa 이하가 되어야 하고, 방수량은 130L/min 이상이어야 한다.
• 방수구는 바닥으로부터 높이가 1.5m 이하의 위치에 설치한다.
• 호스의 구경은 40mm(호스릴 25mm) 이상의 것을 사용하여야 한다.
• 방수구는 층마다 설치하되 방수구까지의 수평거리가 25m 이하가 되도록 하여야 한다.

|정답| ①

13 방염처리물품의 성능검사에서 현장처리물품의 성능검사 실시기관으로 옳은 것은?

① 관할소방서장
② 한국소방안전원
③ 한국소방산업기술원
④ 성능검사를 받지 않아도 된다.

해설

방염처리물품의 성능검사

구분	선처리물품	현장처리물품
종류	커튼류, 카펫, 합판·목재 등	합판·목재류
실시기관	한국소방산업기술원	시·도지사(관할소방서장)
검사방법	검사신청수량 중 일정한 수량을 표본추출하여 실시	일정한 크기·수량의 표본을 제출받아 실시
합격표시	방염성능검사 합격표시 부착	방염성능검사 확인표시 부착

| 정답 | ①

14 건축관계법령상 대수선의 범위에 속하지 않는 것은?

① 내력벽을 증설하는 것
② 기둥을 3개 이상 변경하는 것
③ 지붕틀을 3개 이상 수선하는 것
④ 보를 1개 이상 수선 또는 변경하는 것

해설

대수선
건축물의 기둥, 보, 내력벽, 주계단 등의 구조나 외부 형태를 수선·변경하거나 증설하는 것으로서 대통령령으로 정하는 것
- 기둥을 증설 또는 해체하거나 3개 이상 수선 또는 변경하는 것
- 내력벽을 증설 또는 해체하거나 그 벽면적을 30m² 이상 수선 또는 변경하는 것
- 보를 증설 또는 해체하거나 3개 이상 수선 또는 변경하는 것
- 지붕틀을 증설 또는 해체하거나 3개 이상 수선 또는 변경하는 것
- 방화벽 또는 방화구획을 위한 바닥 또는 벽을 증설 또는 해체하거나 수선 또는 변경하는 것
- 주계단·피난계단 또는 특별피난계단을 증설 또는 해체하거나 수선 또는 변경하는 것

| 정답 | ④

15 다음 중 건물 화재의 성상단계로 옳은 것은?

① 초기 → 성장기 → 최성기 → 감쇠기
② 초기 → 성장기 → 감쇠기 → 최성기
③ 초기 → 최성기 → 성장기 → 감쇠기
④ 초기 → 감쇠기 → 성장기 → 최성기

해설
건물 화재의 성상단계

초기	실내의 온도가 아직 크게 상승하지 않은 단계
성장기	실내온도가 급상승하며, 실내 전체가 화염에 휩싸이는 플래시오버 상태
최성기	연소가 최고조에 달하는 단계 • 내화구조 : 최성기까지 20~30분 소요, 실내온도 800~1,050℃에 달함 • 목조건물 : 최성기까지 약 10분 소요, 실내온도 1,100~1,350℃에 달함
감쇠기	최성기 이후 가연물은 대부분 타버리고 화세가 감쇠하면서 온도는 점차 내려감

|정답| ①

16 다음 중 단독주택에 설치하는 소방시설로 옳은 것은?

① 소화기 및 단독경보형 감지기   ② 투척용 소화용구
③ 간이소화용구   ④ 자동확산소화기

해설
단독주택 및 공동주택(아파트 및 기숙사 제외)에 설치하는 소방시설은 소화기 및 단독경보형 감지기이다.

|정답| ①

17 연소범위에서 외부의 직접적인 점화원에 의해 인화될 수 있는 최저온도를 무엇이라 하는가?

① 인화점   ② 발화점
③ 연소점   ④ 착화점

해설
인화점이란 가연성 액체 또는 고체가 공기 중에 그 표면 가까이에 인화하는 데 충분한 농도의 증기가 생기는 최저온도이며, 외부의 직접적인 점화원(예 불꽃, 불티 등)에 의해 처음으로 불꽃을 발생시킬 수 있는 최저온도를 의미한다.

|정답| ①

18 지하층을 제외한 층수가 10층 이하인 소방대상물 중 공장(특수가연물을 저장, 취급하는 것)의 경우 스프링클러헤드의 기준개수는?

① 10개 ② 20개
③ 30개 ④ 40개

해설
스프링클러헤드의 기준개수

스프링클러설비 설치장소			기준개수(개)
지하층을 제외한 층수가 10층 이하인 특정소방대상물	공장	특수가연물을 저장·취급하는 것	30
		그 밖의 것	20
	근린생활시설·판매시설·운수시설 또는 복합건축물	판매시설 또는 복합건축물 (판매시설이 설치되는 복합건축물)	30
		그 밖의 것	20
	그 밖의 것	헤드의 부착 높이 8m 이상	20
		헤드의 부착 높이 8m 미만	10
지하층을 제외한 층수가 11층 이상인 특정소방대상물, 지하가, 지하역사			30

| 정답 | ③

19 다음 중 제6류 위험물에 해당하는 것은?

① 산화성 고체 ② 가연성 고체
③ 산화성 액체 ④ 자기반응성 물질

해설
- 산화성 고체 : 제1류 위험물
- 가연성 고체 : 제2류 위험물
- 산화성 액체 : 제6류 위험물
- 자기반응성 물질 : 제5류 위험물

| 정답 | ③

20 30층 미만인 어느 건물에 옥내소화전을 1층에 6개, 2층에 4개, 3층에 4개를 설치 시 소방대상물의 최소 수원의 양은?

① 2.6m³
② 5.2m³
③ 10.8m³
④ 13m³

해설

옥내소화전설비 수원의 수량

옥내소화전의 설치개수가 가장 많은 층의 설치개수 N(2개 이상 설치된 경우 2개, 고층건축물의 경우 최대 5개)에 2.6m³(130L/min × 20min)를 곱한 양 이상

- 30 ~ 49층 : N × 5.2m³(130L/min × 40min) 이상(N 최대 개수 5개)
- 50층 이상 : N × 7.8m³(130L/min × 60min) 이상(N 최대 개수 5개)
  (고층건축물 : 층수가 30층 이상이거나 높이가 120m 이상인 건축물)

∴ Q = 2.6N = 2.6 × 2 = 5.2m³

| 정답 | ②

21 습식 스프링클러설비에서 알람밸브 2차 측 압력이 저하되어 클래퍼가 개방(작동)되면 이후 일어나는 현상은?

① 클래퍼 개방에 따른 압력수 유입으로 압력스위치가 동작한다.
② 가속기의 동작으로 1차 측 물이 2차 측으로 빠르게 이동한다.
③ 주펌프와 충압펌프가 번갈아가면서 기동된다.
④ 주펌프만 기동된다.

해설

습식 유수검지장치(알람밸브)

- 밸브 본체 내부의 클래퍼를 중심으로 2차 측(헤드 측)의 수압이 낮아지면 1차 측(펌프 측)의 압력으로 클래퍼가 개방되며, 클래퍼가 개방되면서 시트링 홀로 물이 들어가 압력스위치를 작동시켜 제어반에 사이렌, 화재표시등, 밸브개방표시등의 신호를 전달하는 장치를 말한다.
- 클래퍼 개방 → 시트링 홀로 물 유입 → 압력스위치 작동 → 사이렌 작동 및 화재표시등, 밸브개방표시등 점등

| 정답 | ①

22 분말소화기 중 축압식 소화기의 사용가능한 압력범위는?

① 0.1 ~ 0.3MPa
② 0.3 ~ 0.7MPa
③ 0.7 ~ 0.98MPa
④ 1.0 ~ 1.2MPa

해설
축압식 분말소화기
용기 중에 소화약제와 함께 소화약제의 방출원이 되는 질소 등의 압축가스를 봉입한 방식으로 용기 내 압력을 확인할 수 있도록 지시압력계가 부착되어 사용가능한 범위가 녹색(0.7 ~ 0.98MPa)으로 되어 있다.

| 정답 | ③

23 대형소화기의 능력단위 기준으로 옳은 것은?

① A급 : 1단위 이상, B급 : 10단위 이상
② A급 : 5단위 이상, B급 : 10단위 이상
③ A급 : 5단위 이상, B급 : 20단위 이상
④ A급 : 10단위 이상, B급 : 20단위 이상

해설
대형소화기는 화재 시 사람이 운반할 수 있도록 운반대와 바퀴가 설치되어 있고 능력단위가 A급 10단위 이상, B급 20단위 이상인 소화기를 말한다.

| 정답 | ④

24 소방시설 폐쇄, 차단 등의 행위로 인해 사람을 상해에 이르게 한 자가 받는 처벌로 옳은 것은?

① 10년 이하의 징역 또는 1억원 이하의 벌금
② 7년 이하의 징역 또는 7천만원 이하의 벌금
③ 5년 이하의 징역 또는 5천만원 이하의 벌금
④ 3년 이하의 징역 또는 3천만원 이하의 벌금

해설
소방시설 폐쇄, 차단 등의 행위로 인해 사람을 상해에 이르게 한 때에는 7년 이하의 징역 또는 7천만원 이하의 벌금에 처하며, 사망에 이르게 한 때에는 10년 이하의 징역 또는 1억원 이하의 벌금에 처한다.

| 정답 | ②

25 다음 중 주방에 설치하는 감지기는?

① 차동식 스포트형 감지기
② 이온화식 스포트형 감지기
③ 정온식 스포트형 감지기
④ 광전식 스포트형 감지기

해설
정온식 스포트형 감지기는 주위 온도가 일정 온도 이상이 되었을 때 작동하는 것으로, 주방, 보일러실 등에 설치한다.

꼼꼼 문제분석
감지기의 종류

열감지기	차동식	• 주위 온도의 상승률이 갑자기 높아지면 작동 • 거실, 사무실 등에 설치
	정온식	• 주위 온도가 일정 온도 이상이 되었을 때 작동 • 주방, 보일러실 등에 설치
연기감지기	광전식 (스포트형)	• 연기 속 미립자가 산란반사를 일으킬 때 작동 • 계단실, 복도 등에 설치

|정답| ③

26 자동화재탐지설비에서 P형 수신기의 회로도통시험 시 회로시험스위치가 로터리 방식으로 전압계가 있는 경우 정상과 단선은 몇 V를 가리키는가?

① 정상 : 4~8[V], 단선 : 0[V]
② 정상 : 40~80[V], 단선 : 0[V]
③ 정상 : 20~40[V], 단선 : 1[V]
④ 정상 : 2~4[V], 단선 : 1[V]

해설
회로도통시험에서 회로시험스위치가 로터리 방식인 경우

구분		회로시험스위치
		로터리 방식
시험순서		• 도통시험스위치를 누름 • 회로시험스위치를 각 경계구역별로 차례로 회전
적부 판정방법	전압계가 있는 경우	• 정상 : 4~8[V] • 단선 : 0[V]
	도통시험 확인등이 있는 경우	• 정상 : 정상 확인등 점등(녹색) • 단선 : 단선 확인등 점등(적색)
복구순서		다이얼(회로시험스위치)을 정상위치에 두고, 도통시험스위치 복구

|정답| ①

27 P형 수신기의 예비전원시험(전압계 방식)을 하기 위해 예비전원 버튼을 눌렀을 때 전압계가 다음과 같이 지시하였다. 다음 중 옳은 것은?

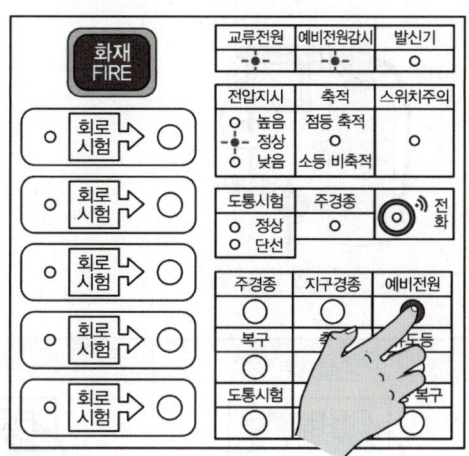

① 예비전원이 정상이다.
② 예비전원이 불량이다.
③ 교류전원을 점검하여야 한다.
④ 예비전원 전압이 과도하게 높다.

[해설]
예비전원시험스위치를 눌렀을 때 전압계인 경우 전압범위가 약 19~29[V]이면 정상이다. 그림에서 전압계가 0[V]를 지시하고 있으므로 예비전원은 불량이다.

[꼼꼼 문제분석]
예비전원시험의 적부 판정방법(예시)
• 전압계인 경우 정상 : 전압범위 약 19~29[V]
• 램프 방식인 경우 정상 : 녹색

|정답| ②

28. 가스계 소화설비 기동용기함의 솔레노이드밸브 점검 전 상태를 참고하여 진행한 안전조치의 순서로 옳은 것은?

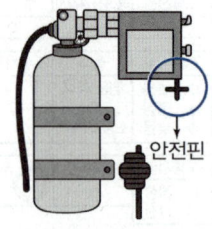
솔레노이드밸브 점검 전

㉠ 안전핀 제거	㉡ 솔레노이드 분리	㉢ 안전핀 체결

① ㉡ → ㉢ → ㉠
② ㉢ → ㉡ → ㉠
③ ㉢ → ㉠ → ㉡
④ ㉡ → ㉠ → ㉢

해설

가스계 소화설비의 점검 전 안전조치

솔레노이드 격발		
안전핀 체결	솔레노이드 분리	안전핀 제거

|정답| ②

29 심폐소생술 시행 시 가슴압박의 위치로 옳은 것은?

① 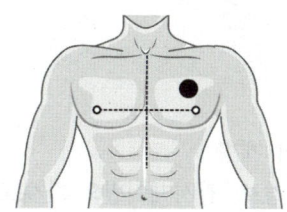   ②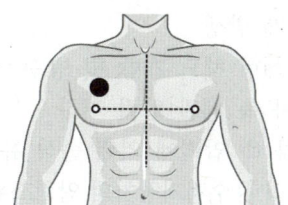

③ 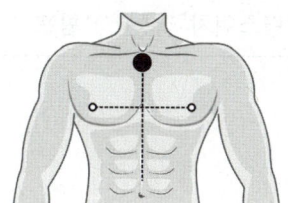   ④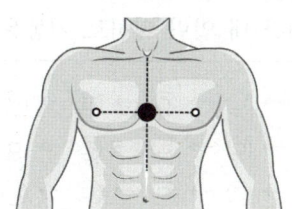

해설
심폐소생술 시행 시 환자를 바닥이 단단하고 평평한 곳에 등을 대고 눕힌 뒤 가슴뼈(흉골)의 아래쪽 절반 부위에 깍지를 낀 두 손의 손바닥 뒤꿈치를 대고 가슴압박을 시행한다.

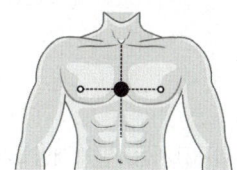

|정답| ④

30 심폐소생술 실시 시 올바른 속도와 가슴압박 깊이로 옳은 것은?

① 속도 : 40~60회/분, 압박깊이 : 1cm
② 속도 : 40~60회/분, 압박깊이 : 5cm
③ 속도 : 100~120회/분, 압박깊이 : 1cm
④ 속도 : 100~120회/분, 압박깊이 : 5cm

해설
심폐소생술 실시 시 올바른 속도와 가슴압박 깊이
• 속도 : 100~120회/분
• 가슴압박 깊이 : 5cm

|정답| ④

31 다음 중 습식 스프링클러설비의 작동순서를 옳게 나열한 것은?

㉠ 화재 발생
㉡ 폐쇄형 헤드 개방 및 방수
㉢ 2차 측 배관 압력 저하
㉣ 1차 측 압력에 의해 습식 유수검지장치의 클래퍼 개방
㉤ 습식 유수검지장치의 압력스위치 작동 → 사이렌 경보, 감시제어반의 화재표시등, 밸브개방표시등 점등
㉥ 배관 내 압력 저하로 기동용 수압개폐장치의 압력스위치 작동 → 펌프 기동

① ㉠ → ㉡ → ㉢ → ㉣ → ㉤ → ㉥
② ㉠ → ㉢ → ㉡ → ㉣ → ㉤ → ㉥
③ ㉠ → ㉣ → ㉤ → ㉢ → ㉡ → ㉥
④ ㉠ → ㉤ → ㉡ → ㉢ → ㉣ → ㉥

해설

습식 스프링클러설비의 작동순서
- 화재 발생
- 폐쇄형 헤드 개방 및 방수
- 2차 측 배관 압력 저하
- 1차 측 압력에 의해 습식 유수검지장치의 클래퍼 개방
- 습식 유수검지장치의 압력스위치 작동 → 사이렌 경보, 감시제어반의 화재표시등, 밸브개방표시등 점등
- 배관 내 압력 저하로 기동용 수압개폐장치의 압력스위치 작동 → 펌프 기동

| 정답 | ①

32 자위소방대 초기대응체계의 인원편성에 대한 설명으로 적절하지 않은 것은?

① 초기대응체계 편성 시 2명 이상은 수신반 또는 종합방재실에 근무해야 한다.
② 소방안전관리보조자, 경비 또는 관리인 등 상시 근무자를 중심으로 구성한다.
③ 소방안전관리대상물의 근무자의 근무위치, 근무인원 등을 고려하여 편성한다.
④ 휴일에 무인경비시스템을 통해 감시하는 경우에는 무인경비회사와 비상연락체계를 구축할 수 있다.

해설

자위소방대 인력편성 중 초기대응체계의 인원편성

| 초기대응체계의 인원편성 | • 소방안전관리보조자, 경비(보안) 근무자 또는 대상물 관리인 등 상시 근무자를 중심으로 구성
• 소방안전관리대상물의 근무자의 근무위치, 근무인원 등을 고려하여 편성
• 초기대응체계 편성 시 1명 이상은 수신반(또는 종합방재실)에 근무해야 하며 화재 상황에 대한 모니터링 또는 지휘통제가 가능해야 함
• 휴일 및 야간에 무인경비시스템을 통해 감시하는 경우에는 무인경비회사와 비상연락체계를 구축할 수 있음 |

|정답| ①

33 다음 수신기 그림에서 수신기 점검 시 1층 발신기를 눌렀을 때 건물 어디에서도 경종(음향장치)이 울리지 않았다. 이때 수신기의 스위치 상태로 옳은 것은?

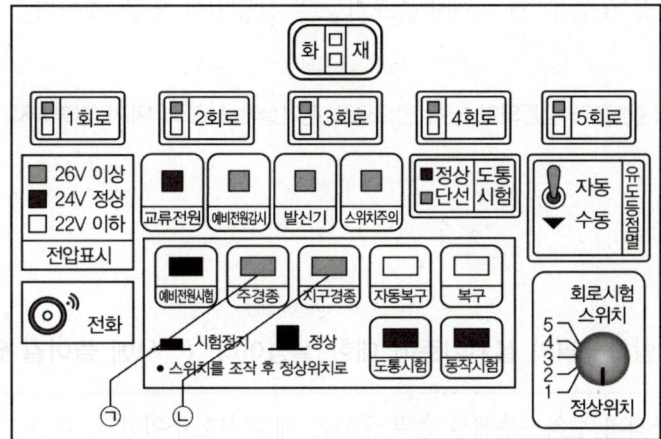

① ㉠ 스위치가 눌려져 있다.
② ㉡ 스위치가 눌려져 있다.
③ ㉠, ㉡ 스위치가 눌려져 있다.
④ 스위치가 눌려져 있지 않다.

해설
주경종스위치와 지구경종스위치가 눌려져 있으면 일시적으로 음향장치가 울리지 않는다.

|정답| ③

34 다음 그림은 가스계 소화설비 점검 중 감시제어반의 모습이다. 이에 대한 설명으로 옳은 것은? (단, 점검 전 약제방출 방지를 위한 안전조치를 완료한 상태이다)

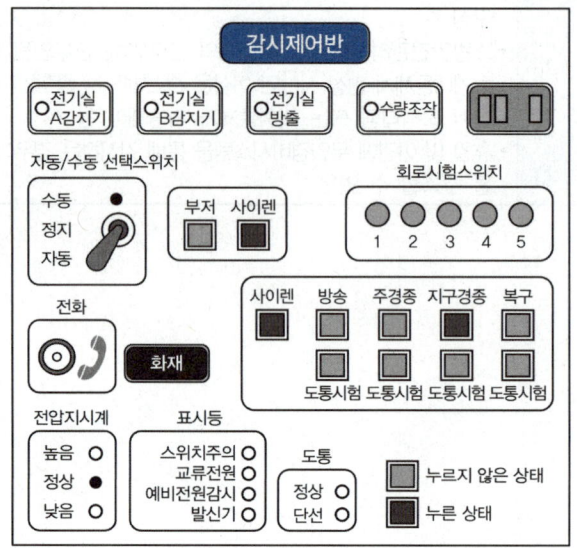

① 교차회로감지기(A 감지기 and B 감지기)는 기계실에 설치되어 있다.
② 전기실에서 소화약제가 방출되지 않는다.
③ 주경종, 지구경종, 사이렌, 비상방송은 정상적으로 작동되고 있다.
④ 전기실 출입문 위 약제방출표시등은 점등되어 있을 것이다.

해설
전기실 방출램프가 점등되어 있지 않으므로 전기실에서 소화약제가 방출되지 않는다.

|정답| ②

---

35 다음은 방화구획의 설치기준에 대한 설명이다. ( )에 들어갈 알맞은 것은?

> 방화구획의 설치기준에서 층별 구획은 매층마다 구획한다. 다만, 지하 1층에서 지상으로 직접 연결하는 ( ) 부위는 제외한다.

① 계단   ② 거실
③ 경사로   ④ 피난로

해설
방화구획의 설치기준
층별 구획 : 매층마다 구획(다만, 지하 1층에서 지상으로 직접 연결하는 경사로 부위 제외)

|정답| ③

36 옥내소화전 방수압력시험에 필요한 장비로 옳은 것은?

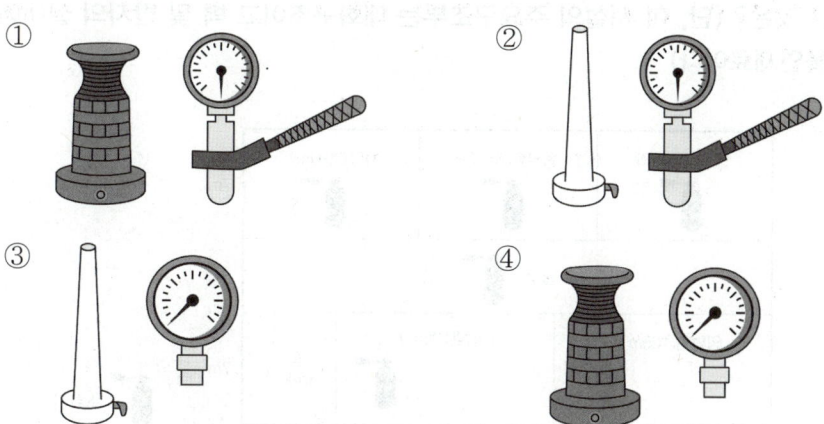

[해설]
옥내소화전 방수압력 측정 시 직사형 관창과 방수압력 측정계(피토게이지)가 필요하다.

[꼼꼼 문제분석]
옥내소화전설비의 방수압력 측정
- 옥내소화전 방수압력과 방수량의 측정은 어느 층에 있어서도 2개 이상 설치된 경우에는 2개(설치개수가 1개인 경우에는 1개)를 개방시켜 놓고 측정해야 한다.
- 방수압력 측정 : 방수구에 호스를 결속한 상태로 노즐의 선단에 방수압력 측정계(피토게이지)를 근접(D/2) 시켜서 측정하여 방수압력 측정계(피토게이지)의 압력계상의 눈금을 확인한다.

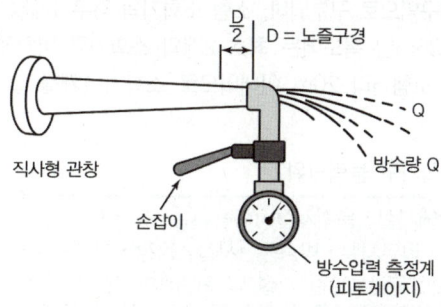

|정답| ②

37 어느 업무시설의 1단위 소화기 비치현황을 표시한 평면도이다. 소화기 설치에 대한 설명으로 옳은 것은? (단, 이 시설의 주요구조부는 내화구조이고 벽 및 반자의 실내에 면하는 부분은 불연재료이다)

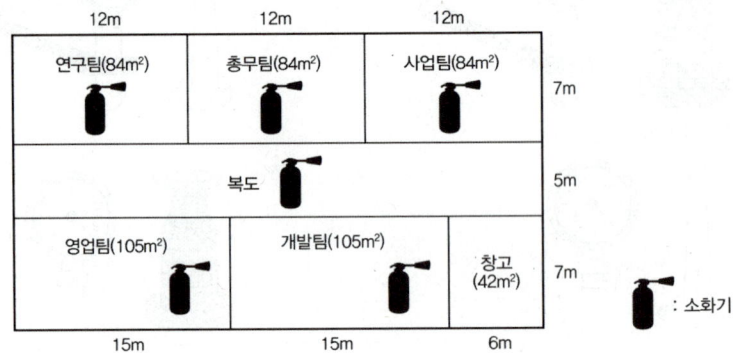

① 복도의 경우 소화기를 설치하지 않아도 된다.
② 영업팀과 개발팀에는 소화기 2개를 설치해야 한다.
③ 구획된 창고실의 경우 소화기 1개를 설치해야 한다.
④ 복도는 하나의 경계구역이므로 소화기 1개만 설치한다.

해설
- 소화기 설치 기준 : 특정소방대상물의 각 층이 2 이상의 거실로 구획된 경우에는 각 층마다 설치하는 것 외에 바닥면적이 33m² 이상으로 구획된 각 거실에도 배치한다.
- 복도는 하나의 경계구역으로 구분되며, 소형 소화기의 경우 1개당 보행거리 20m 이내에 설치해야 하므로, 총 보행거리가 약 36m인 복도에는 최소 2개의 소화기를 비치해야 한다.
- 영업팀과 개발팀은 보행거리 20m 이내이므로 소화기 1개를 설치해야 한다.

꼼꼼 문제분석
특정소방대상물의 소화기구 능력단위

근린생활시설·판매시설·운수시설·숙박시설·노유자 시설·전시장·공동주택·업무시설·방송통신시설·공장·창고시설·항공기 및 자동차 관련 시설 및 관광휴게시설	해당 용도의 바닥면적 100m²마다 능력단위 1단위 이상

※ 건축물의 주요구조부가 내화구조이고, 벽 및 반자의 실내에 면하는 부분이 불연재료·준불연재료 또는 난연재료인 경우 : 위 표의 기준면적의 2배

|정답| ③

38 다음 그림은 수신기가 비화재보인 경우이다. 화재를 복구하는 순서로 옳은 것은?

㉠ 수신기 확인 ㉡ 수신기 정상 복구
㉢ 음향장치 정지 ㉣ 실제 화재 여부 확인
㉤ 비화재보 원인 제거 ㉥ 음향장치 복구

① ㉠ → ㉣ → ㉢ → ㉤ → ㉥ → ㉡
② ㉠ → ㉣ → ㉢ → ㉤ → ㉡ → ㉥
③ ㉣ → ㉠ → ㉤ → ㉢ → ㉡ → ㉥
④ ㉣ → ㉠ → ㉢ → ㉤ → ㉡ → ㉥

해설
비화재보 시 대처방법

1단계	2단계
수신기 확인	실제 화재 여부 확인
3단계	4단계
음향장치 정지 	비화재보 원인 제거
5단계	6단계
복구스위치를 눌러 수신기를 정상으로 복구 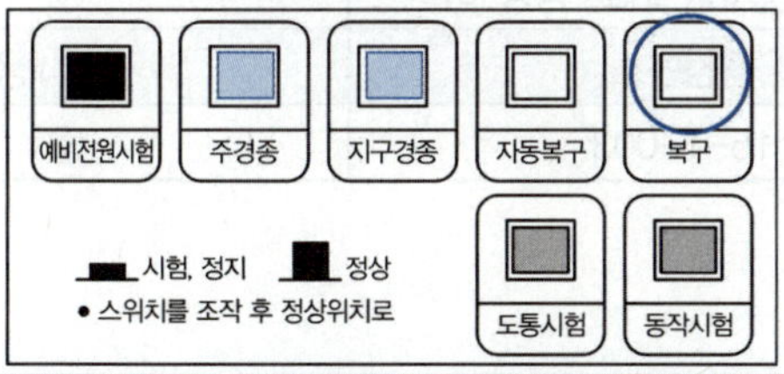	음향장치 복구 (음향장치를 정상 또는 연동으로 전환) 
7단계	
스위치주의 소등 확인 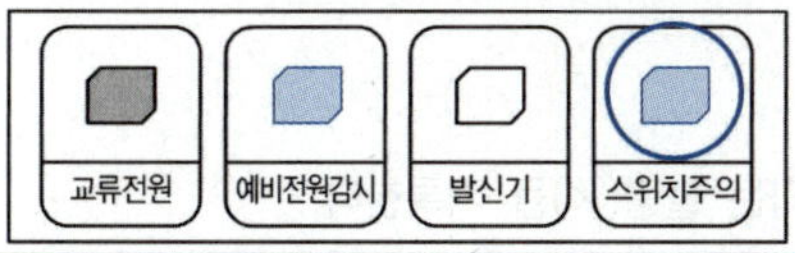	

| 정답 | ②

39 다음 그림은 차동식 스포트형 감지기의 구조로 일국소에서 열효과에 의해 작동한다. 구성요소 중 리크구멍의 역할로 옳은 것은?

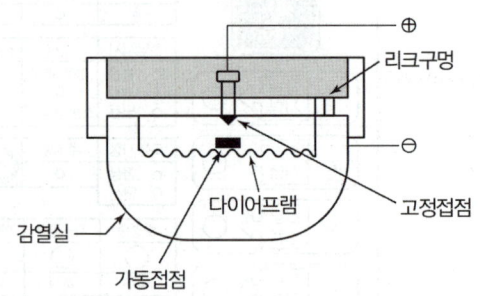

① 압력을 변위시킨다.
② 발신신호를 만든다.
③ 감지기 오동작을 방지한다.
④ 주위의 온도 변화에 따라 팽창한다.

해설
차동식 스포트형 감지기에서 리크구멍은 감지기 오동작을 방지하는 역할을 한다.

| 정답 | ③

40 도통시험 중 4번 회로가 단선된 것으로 판명되어, 다음 날 단선구간을 찾아 정상조치하였다. 작동기능 점검 서식 중 ㉠, ㉡에 들어갈 내용으로 적절한 것은?

점검번호	점검항목	점검결과 (양호 ○, 불량 ×, 해당 없음 /)
15-1-003	수신기 도통시험 회로 정상 여부	㉠
설비명	점검번호	점검내용
경보설비	15-1-003	㉡

① ㉠ : ○, ㉡ : 4번 회로 단선
② ㉠ : ×, ㉡ : 4번 회로 단선
③ ㉠ : ×, ㉡ : 4번 회로 합선
④ ㉠ : /, ㉡ : 4번 회로 합선

해설
도통시험 중 4번 회로가 단선되었으므로 점검결과는 불량(×)을 기록한다.

| 정답 | ②

41 소방교육 및 훈련의 실시원칙에 해당하지 않는 것은?

① 경험의 원칙
② 현실의 원칙
③ 관련성의 원칙
④ 교육자 중심의 원칙

해설
소방교육 및 훈련의 실시원칙
- 학습자 중심의 원칙
- 목적의 원칙
- 실습의 원칙
- 관련성의 원칙
- 동기부여의 원칙
- 현실의 원칙
- 경험의 원칙

|정답| ④

42 종합점검 중 주펌프 성능시험을 위하여 주펌프만 수동으로 기동하려고 한다. 감시제어반의 스위치 상태로 옳은 것은?

①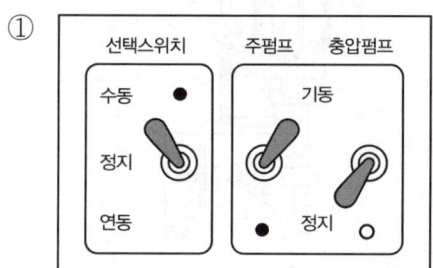
②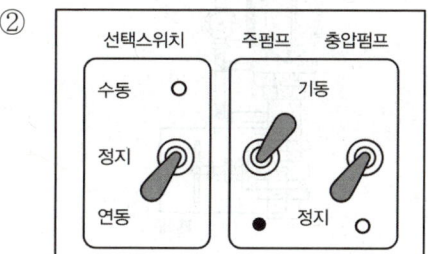
③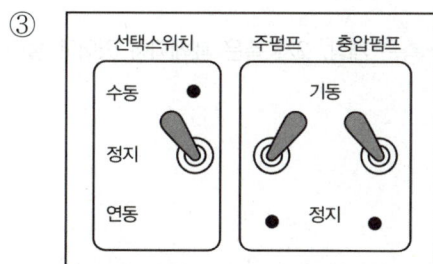
④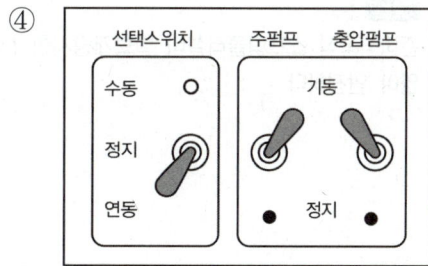

해설
주펌프만 수동으로 기동하는 방법
- 선택스위치 : 수동
- 주펌프 : 기동
- 충압펌프 : 정지

|정답| ①

43 준비작동식 스프링클러설비 밸브개방시험 전 유수검지장치실에서 안전조치를 하려고 한다. 다음 중 안전조치 사항으로 옳은 것은?

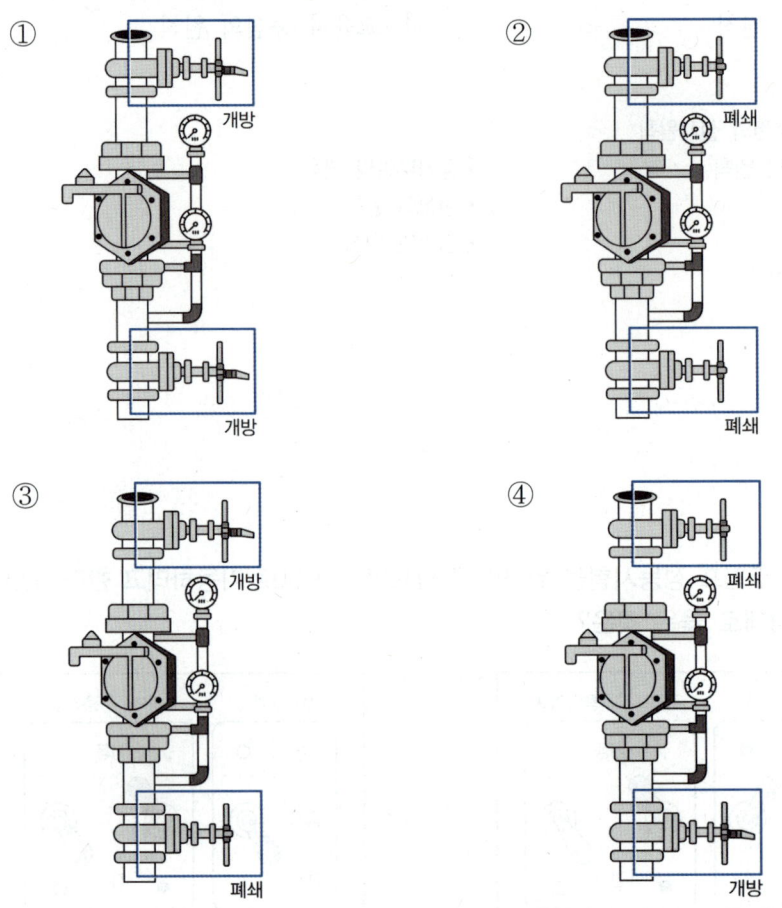

해설
준비작동식 스프링클러설비 밸브개방시험 전에 1차 측은 개방, 2차 측은 폐쇄되어 있어야 물이 방사되지 않아 안전하다.

| 정답 | ④

44 다음 그림과 같이 가스계 소화설비 기동용기함의 압력스위치 점검시험을 실시하였을 때 확인해야 할 사항으로 옳은 것은?

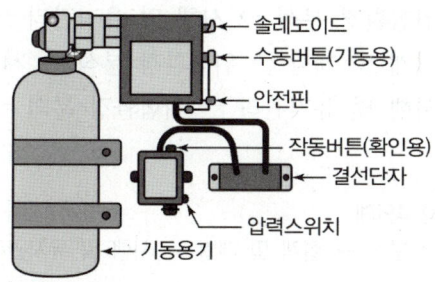

① 솔레노이드밸브의 격발을 확인한다.
② 제어반에서 화재표시등의 점등을 확인한다.
③ 수동조작함 방출등 점등을 확인한다.
④ 경보발령 여부를 확인한다.

[해설]
압력스위치의 점검시험을 실시하였을 때는 수동조작함 방출등 점등을 확인한다.

| 정답 | ③

45 소방안전관리자가 계단에 설치되어 있는 감지기에 대해 작동점검을 하며 수신기의 상태를 확인하였다. 점검 및 조치에 대한 설명으로 틀린 것은?

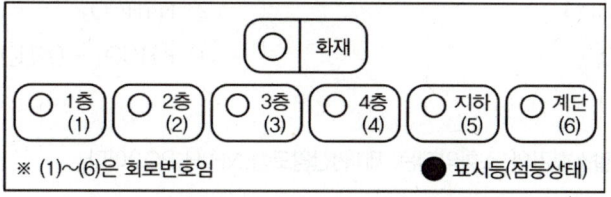

① 점검 시 사용되어야 할 최소 점검기구는 연기감지기 시험기이다.
② 감지기 작동 시 수신기상에 화재표시등과 계단표시등이 소등되는지 확인한다.
③ 관계인은 점검결과를 15일 이내 소방서장에게 제출해야 한다.
④ 소방안전관리자는 점검결과를 2년간 보관해야 한다.

[해설]
감지기 작동 시 수신기상에 화재표시등과 계단표시등이 점등되는지 확인한다.

| 정답 | ②

46 소방계획의 수립 절차 4단계를 바르게 나열한 것은?

① 사전기획 → 위험환경 분석 → 설계 및 개발 → 시행 및 유지관리
② 사전기획 → 위험환경 분석 → 시행 및 유지관리 → 설계 및 개발
③ 사전기획 → 설계 및 개발 → 위험환경 분석 → 시행 및 유지관리
④ 사전기획 → 시행 및 유지관리 → 위험환경 분석 → 설계 및 개발

[해설]
소방계획의 수립 절차 4단계
사전기획 → 위험환경 분석 → 설계 및 개발 → 시행 및 유지관리

| 정답 | ①

47 다음 분말소화기의 주성분 약제는 무엇인가?

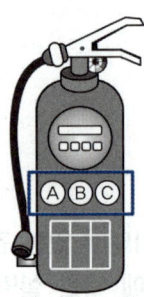

① $NH_4H_2PO_4$
② $NaHCO_3$
③ $KHCO_3$
④ $KHCO_3 + (NH_2)_2CO$

[해설]
ABC급 분말소화기의 소화약제는 제1인산암모늄($NH_4H_2PO_4$)이다.

[꼼꼼 문제분석]
분말소화기의 소화약제 및 적응화재

소화약제	명칭	주성분	적응화재	소화효과
제1종	탄산수소나트륨	$NaHCO_3$	BC	질식효과· 억제(부촉매)효과
제2종	탄산수소칼륨	$KHCO_3$	BC	
제3종	인산암모늄	$NH_4H_2PO_4$	ABC	
제4종	탄산수소칼륨+요소	$KHCO_3 + (NH_2)_2CO$	BC	

| 정답 | ①

48 화재발생 시 옥내소화전을 사용하여 충압펌프가 작동하였다. 다음 그림에서 표시등 중 점등되는 것을 모두 고른 것은? (단, 설비는 정상상태이며 제시된 조건을 제외하고 나머지 조건은 무시한다)

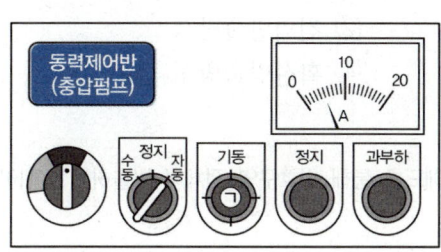
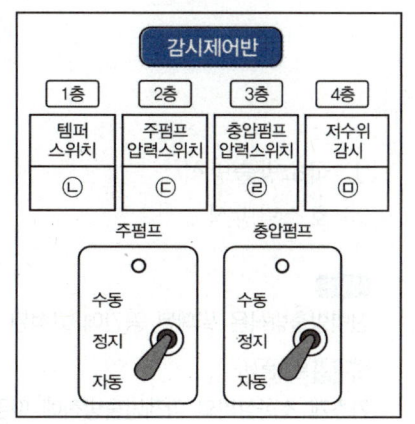

① ㉠, ㉡, ㉢
② ㉠, ㉢, ㉣
③ ㉠, ㉣
④ ㉠, ㉣, ㉤

해설
충압펌프가 작동되었으므로 동력제어반에서 기동램프(㉠)가 점등되고, 감시제어반에서 충압펌프 압력스위치(㉣)가 점등된다.

| 정답 | ③

49 응급처치의 요령에 대한 설명으로 틀린 것은?

① 눈에 보이는 이물질은 손에 넣어 제거한다.
② 환자가 기침할 수 없을 때 복부 밀어내기(하임리히법)를 실시한다.
③ 환자의 입 안에 이물질이 있는 경우 기침을 유도한다.
④ 이물질이 제거된 후 머리를 뒤로 젖히고, 턱을 위로 들어 올려 기도가 개방되도록 한다.

해설
응급처치 시 환자의 입 안에 이물질이 있는 경우 눈에 보이는 이물질이라 하여 함부로 제거하려 해서는 안 된다.

| 정답 | ①

50 가스계 소화설비의 방출방식 중 다음 그림은 어떤 방식인가?

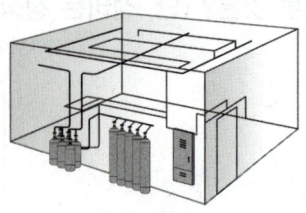

① 국소방출방식　　　　　② 전역방출방식
③ 호스릴방식　　　　　　④ 확산방출방식

해설
전역방출방식은 밀폐된 공간에 고정된 분사헤드를 통해 방호구역 전체에 방출하는 방식이다.

꼼꼼 문제분석
가스계 소화설비의 약제방출방식에 따른 분류

전역방출방식		밀폐된 공간에 고정된 분사헤드를 통해 방호구역 전체에 방출하는 방식
국소방출방식		화재가 발생한 부분에만 소화약제를 집중적으로 방출하는 방식
호스릴방식		사람이 화점까지 끌고 가서 방출하는 이동식 소화방식

| 정답 | ②

Chapter 04 2022년 기출복원문제

01 다음 중 화재예방법상 가장 높은 벌금에 해당하는 위반사항은?

① 소방안전관리자 자격증을 다른 사람에게 빌려주거나 알선한 자
② 화재예방조치에 따른 명령을 정당한 사유 없이 따르지 않거나 방해한 자
③ 소방안전관리자, 총괄소방안전관리자, 소방안전관리보조자를 선임하지 않은 자
④ 화재안전조사 결과에 따른 조치명령을 정당한 사유 없이 위반한 자

> 해설
> • 화재안전조사 결과에 따른 조치명령을 정당한 사유 없이 위반한 자 : 3년 이하의 징역 또는 3천만원 이하의 벌금
> • 소방안전관리자 자격증을 다른 사람에게 빌려 주거나 빌리거나 이를 알선한 자 : 1년 이하의 징역 또는 1천만원 이하의 벌금
> • 화재예방조치에 따른 명령을 정당한 사유 없이 따르지 아니하거나 방해한 자 : 300만원 이하의 벌금
> • 소방안전관리자, 총괄소방안전관리자, 소방안전관리보조자를 선임하지 아니한 자 : 300만원 이하의 벌금

|정답| ④

02 발화점에 대한 설명으로 옳은 것은?

① 외부의 직접적인 점화원 없이 가열된 열의 축적에 의해 발화에 이르는 최저의 온도를 말한다.
② 점화원이 있는 상태에서 가연성 물질을 공기 또는 산소 중에서 가열함으로써 발화되는 최저온도를 말한다.
③ 발화점이 높을수록 위험하다.
④ 발화점은 보통 인화점보다 수백도가 낮은 온도이다.

> 해설
> 발화점은 점화원이 없을 때 스스로 열의 축적에 의해 불이 붙는 최저온도를 말하며, 보통 인화점보다 수백도가 높은 온도이다.

|정답| ①

03 연소의 3요소 중 점화원이 될 수 없는 것은?

① 화염　　　　　　　　② 정전기
③ 대기압　　　　　　　 ④ 마찰·충격

해설
- 대기압이란 공기의 무게 때문에 생기는 지구 대기의 압력으로 점화원과는 관계가 없다.
- 점화원에는 전기불꽃, 마찰·충격, 정전기, 화염, 복사열 등이 있다.

|정답| ③

04 분말소화기의 내용연수로 옳은 것은?

① 3년　　　　② 5년　　　　③ 7년　　　　④ 10년

해설
소화기의 내용연수는 10년으로 하고 내용연수가 지난 제품은 교체 또는 성능확인을 받을 것

|정답| ④

05 다음은 가연물질의 구비조건이다. 빈칸에 들어갈 말로 알맞은 것은?

- 활성화에너지의 값이 (㉠).
- 열전도도가 (㉡).

① ㉠ 커야 한다, ㉡ 커야 한다　　　　② ㉠ 커야 한다, ㉡ 작아야 한다
③ ㉠ 작아야 한다, ㉡ 커야 한다　　　 ④ ㉠ 작아야 한다, ㉡ 작아야 한다

해설
가연물의 구비조건
- 화학반응을 일으킬 때 필요한 활성화에너지(최소 점화에너지)의 값이 작아야 한다.
- 일반적으로 산화되기 쉬운 물질로서 산소와 결합할 때 발열량이 커야 한다.
- 열의 축적이 용이하도록 열전도도가 작아야 한다.
- 조연성 가스인 산소·염소와의 친화력이 강해야 한다.
- 산소와 접촉할 수 있는 표면적이 큰 물질이어야 한다(기체 > 액체 > 고체).
- 연쇄반응을 일으킬 수 있는 물질이어야 한다.

|정답| ④

06 화재를 진압하고 화재, 재난, 재해, 그 밖의 위급한 상황에서 구조·구급활동 등을 하기 위해 구성된 조직체로 옳지 않은 것은?

① 소방공무원
② 의무소방원
③ 의용소방대원
④ 소방관리직원

해설
소방대란 화재를 진압하고 화재, 재난·재해, 그 밖의 위급한 상황에서 구조·구급활동 등을 하기 위하여 다음의 사람으로 구성된 조직체를 말한다.
- 소방공무원
- 의무소방원
- 의용소방대원

| 정답 | ④

07 다음 중 증기비중에 대한 설명으로 옳은 것은?

① 증기비중이 1보다 작을 때 공기보다 무겁다.
② 증기비중이 1보다 클 때 공기보다 가볍다.
③ 증기비중이 1보다 클 때 공기와 무게가 같다.
④ 증기비중은 공기의 밀도를 1로 해서 비교한 값이다.

해설
증기비중은 공기의 밀도를 기준으로 삼아 다른 가스의 밀도를 비교한 수치로, 증기비중이 1보다 작으면 공기보다 가볍고, 1보다 크면 공기보다 무겁다.

| 정답 | ④

08 자동화재탐지설비에서 감지기 사이의 회로배선은 어떤 방식으로 하여야 하는가?

① 송배선식
② 직렬식
③ 병렬식
④ 트위스트식

해설
자동화재탐지설비에서 감지기 사이의 회로배선은 송배선식으로 하여야 한다.

| 정답 | ①

09 다음 중 물과 반응하거나 자연발화에 의해 발열 또는 가연성 가스가 발생하는 위험물은?

① 제1류 위험물
② 제2류 위험물
③ 제3류 위험물
④ 제4류 위험물

해설
- 제3류 위험물은 자연발화성 및 금수성 물질로 물과 반응(금수성 물질)하거나 자연발화(황린)에 의해 가연성 가스를 발생한다.
- 황린은 가연성 증기 발생을 억제하기 위해 pH9인 물속에 저장한다.

|정답| ③

10 객석통로의 직선 부분의 길이가 30m일 때, 객석유도등의 최소 설치개수는?

① 4개
② 6개
③ 7개
④ 10개

해설

$$\text{객석유도등 설치 개수} = \frac{\text{객석통로의 직선 부분 길이(m)}}{4} - 1$$

$$= \frac{30m}{4} - 1 = 7개(소수점 올림)$$

|정답| ③

11 다음 중 건축법상 주요구조부에 해당되지 않는 것은?

① 보
② 바닥
③ 기둥
④ 옥외계단

해설
건축법상 주요구조부
내력벽, 기둥, 바닥, 보, 지붕틀 및 주계단을 말한다. 다만, 사이 기둥, 최하층 바닥, 작은 보, 차양, 옥외계단, 그 밖에 이와 유사한 것으로 건축물의 구조상 중요하지 아니한 부분은 제외한다.

|정답| ④

12 다음 방염대상물품 중 제조 또는 가공공정에서 방염처리를 한 물품이 아닌 것은?

① 창문에 설치하는 커튼류(블라인드 제외)
② 전시용 합판, 무대용 합판
③ 가상체험 체육시설에 설치하는 스크린
④ 단란주점, 유흥주점 소파

해설
제조 또는 가공공정에서 방염처리를 한 물품 중 창문에 설치하는 커튼류는 블라인드를 포함한다.

꼼꼼 문제분석
방염대상물품

제조 또는 가공공정에서 방염처리를 한 물품	건축물 내부의 천장이나 벽에 설치하는 물품
• 창문에 설치하는 커튼류(블라인드 포함) • 카펫 • 벽지류(두께 2mm 미만인 종이 벽지 제외) • 전시용 및 무대용 합판·목재·섬유판 • 암막·무대막(영화상영관·가상체험 체육시설업의 스크린 포함) • 섬유류 또는 합성수지류로 제작된 소파·의자(단란주점영업·유흥주점영업·노래연습장업에 한정)	• 종이류(두께 2mm 이상), 합성수지류 또는 섬유류를 주원료로 한 물품 • 합판이나 목재 • 공간을 구획하기 위하여 설치하는 간이칸막이 • 흡음·방음을 위하여 설치하는 흡음재(흡음용 커튼 포함) 또는 방음재(방음용 커튼 포함)

|정답| ①

13 LPG의 탐지기 설치위치로 옳은 것은?

① 하단은 천장면의 하방 30cm 이내에 위치
② 상단은 천장면의 하방 30cm 이내에 위치
③ 하단은 바닥면의 상방 30cm 이내에 위치
④ 상단은 바닥면의 상방 30cm 이내에 위치

해설
액화석유가스(LPG)는 비중이 1.5~2로, 증기비중이 1보다 큰 가스의 경우 가스누설경보기의 설치위치는 다음과 같다.
• 가스연소기 또는 관통부로부터 수평거리 4m 이내의 위치에 설치
• 탐지기의 상단은 바닥면의 상방 30cm 이내의 위치에 설치

|정답| ④

14 액체 가연물질의 인화점이 낮은 것부터 높은 순서로 옳게 나열한 것은?

① 휘발유 < 등유 < 벤젠
② 아세톤 < 중유 < 벤젠
③ 중유 < 아세톤 < 에틸알코올
④ 휘발유 < 아세톤 < 에틸알코올

해설
위험물별 인화점

휘발유	-43℃	벤젠	-11℃
아세톤	-18℃	등유	39℃ 이상
에틸알코올	13℃	중유	70℃ 이상

|정답| ④

15 다음 중 수소의 연소범위로 알맞은 것은?

① 6 ~ 30% ② 2.5 ~ 81%
③ 4.1 ~ 75% ④ 1.2 ~ 7.6%

해설
수소의 연소범위 : 4.1 ~ 75%

|정답| ③

16 다음 중 한국소방안전원 회원의 자격으로 볼 수 없는 것은?

① 소방안전관리자 ② 소방기술자
③ 관계인 ④ 위험물안전관리자

해설
한국소방안전원 회원의 자격
• 법령에 따라 등록을 하거나 허가를 받은 사람
• 소방안전관리자·소방기술자 또는 위험물안전관리자로 선임되거나 채용된 사람
• 그 밖에 소방 분야에 관심이 있거나 학식과 경험이 풍부한 사람

|정답| ③

17 다음 중 소방기본법상 용어에 대한 설명으로 틀린 것은?

① 산림은 소방대상물에 해당한다.
② 점유자는 관계인에 포함한다.
③ 자위소방대는 소방대의 조직체이다.
④ 소방대장은 현장에서 소방대를 지휘하는 사람이다.

해설

자위소방대는 소방안전관리대상물에서 화재 등 재난발생 시 비상연락, 초기소화, 피난유도 및 인명·재산피해 최소화를 위해 편성된 자율안전관리조직으로 소방대에 해당하지 않는다.

꼼꼼 문제분석

소방기본법상 용어의 정의

소방대상물	건축물, 차량, 선박(항구에 매어둔 선박만 해당), 선박 건조 구조물, 산림, 그 밖의 인공 구조물 또는 물건
관계인	소방대상물의 소유자·관리자 또는 점유자
소방대	화재를 진압하고 화재, 재난·재해, 그 밖의 위급한 상황에서 구조·구급활동 등을 하기 위하여 다음의 사람으로 구성된 조직체 • 소방공무원　　• 의무소방원　　• 의용소방대원
소방대장	소방본부장 또는 소방서장 등 화재, 재난·재해, 그 밖의 위급한 상황이 발생한 현장에서 소방대를 지휘하는 사람

| 정답 | ③

18 다음 중 한국소방안전원의 업무가 아닌 것은?

① 위험물에 대한 허가 및 승인
② 소방기술과 안전관리에 관한 교육 및 조사·연구
③ 소방기술과 안전관리에 관한 각종 간행물 발간
④ 화재예방과 안전관리의식 고취를 위한 대국민 홍보

해설

한국소방안전원의 업무
• 소방기술과 안전관리에 관한 교육 및 조사·연구
• 소방기술과 안전관리에 관한 각종 간행물 발간
• 화재예방과 안전관리의식 고취를 위한 대국민 홍보
• 소방업무에 관하여 행정기관이 위탁하는 업무
• 소방안전에 관한 국제협력
• 그 밖에 회원에 대한 기술지원 등 정관으로 정하는 사항

| 정답 | ①

19 다음 중 축압식 분말소화기 지시압력계의 정상상태로 옳은 것은?

① 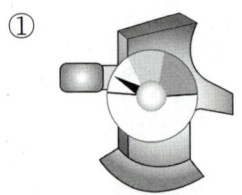 ②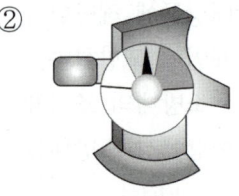

③ 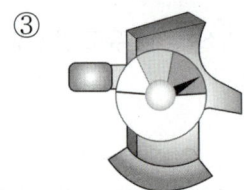 ④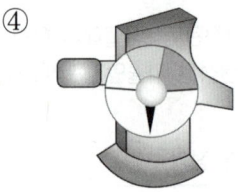

해설

축압식 분말소화기는 용기 중에 소화약제와 함께 소화약제의 방출원이 되는 질소 등의 압축가스를 봉입한 방식으로 용기 내 압력을 확인할 수 있도록 지시압력계가 부착되어 있는데, 사용가능한 범위가 녹색(0.7~0.98MPa)이면 정상이다.

|정답| ②

20 액화석유가스(LPG)에 대한 설명으로 옳지 않은 것은?

① 주성분은 프로판, 부탄이다.
② 누출 시 천장 쪽에 체류한다.
③ 증기비중은 1.5~2로 공기보다 무겁다.
④ 용도는 가정용, 공업용, 자동차 연료용이다.

해설

액화석유가스(LPG)는 증기비중이 1.5~2로 공기보다 무거워 누출 시 낮은 곳에 체류하고, 액화천연가스(LNG)는 증기비중이 0.6으로 공기보다 가벼워 누출 시 천장 쪽에 체류한다.

꼼꼼 문제분석

연료가스의 종류와 특성

구분	액화석유가스(LPG)	액화천연가스(LNG)
주성분	프로판(C_3H_8), 부탄(C_4H_{10})	메탄(CH_4)
용도	가정용, 공업용, 자동차 연료용	도시가스
비중	1.5~2(누출 시 낮은 곳에 체류)	0.6(누출 시 천장 쪽에 체류)
폭발범위	• 프로판 : 2.1~9.5% • 부탄 : 1.8~8.4%	5~15%

|정답| ②

21 전기화재의 주요 화재원인이 아닌 것은?

① 전선의 합선(단락)에 의한 발화
② 누전에 의한 발화
③ 과전류(과부하)에 의한 발화
④ 누전차단기 고장

해설
누전차단기는 전기설비에 문제가 생겼을 때 전기를 차단해주는 보호장치이다. 고장이 나면 화재를 예방하지 못할 수는 있지만, 직접적으로 화재의 원인이 되지는 않는다. 즉, 화재를 유발하는 주원인이 아니라, 화재가 커지는 원인이 될 수 있는 보조적 요인이다.

|정답| ④

22 다음의 설명 중 옳은 것은? (단, 해당 소방안전관리자 자격증을 받은 경우이다)

- 업무시설로 연면적 40,000m²
- 지하 1층, 지상 5층
- 3층에 옥내소화전설비가 설치되어 있음

① 소방안전관리자 1명, 소방안전관리보조자 3명이 필요하다.
② 위 건물은 관리의 권원이 분리된 특정소방대상물의 소방안전관리자가 필요하다.
③ 소방공무원으로 7년 이상 된 경력자가 선임자격이 있다.
④ 가연성 가스를 100톤 이상 1,000톤 미만 저장, 취급하는 시설과 같은 소방안전관리자 선임대상물이다.

해설
1급 소방안전관리대상물

선임대상물	• 30층 이상(지하층 제외)이거나 지상으로부터 높이가 120m 이상인 아파트 • 연면적 15,000m² 이상인 특정소방대상물(아파트 및 연립주택은 제외) • 11층 이상인 특정소방대상물(아파트는 제외) • 가연성 가스를 1,000톤 이상 저장·취급하는 시설
선임자격	• 소방설비기사 또는 소방설비산업기사의 자격이 있는 사람 • 소방공무원으로 7년 이상 근무한 경력이 있는 사람 • 소방청장이 실시하는 1급 소방안전관리대상물의 소방안전관리에 관한 시험에 합격한 사람
선임인원	1명 이상

|정답| ③

23 다음 중 개구부 요건이 아닌 것은?

① 크기는 지름 50cm 이하의 원이 통과할 수 있을 것
② 해당 층의 바닥면으로부터 개구부 밑부분까지의 높이가 1.2m 이내일 것
③ 도로 또는 차량이 진입할 수 있는 빈터를 향할 것
④ 내부 또는 외부에서 쉽게 부수거나 열 수 있을 것

해설

무창층의 개구부 요건
- 크기는 지름 50cm 이상의 원이 통과할 수 있을 것
- 해당 층의 바닥면으로부터 개구부 밑부분까지의 높이가 1.2m 이내일 것
- 도로 또는 차량이 진입할 수 있는 빈터를 향할 것
- 화재 시 건축물로부터 쉽게 피난할 수 있도록 창살이나 그 밖의 장애물이 설치되지 않을 것
- 내부 또는 외부에서 쉽게 부수거나 열 수 있을 것

| 정답 | ①

24 다음 중 출혈 시 증상이 아닌 것은?

① 호흡과 맥박이 느리고 약하고 불규칙하다.
② 체온이 떨어지고 호흡곤란도 나타난다.
③ 탈수현상이 나타나며 갈증이 심해진다.
④ 구토가 발생한다.

해설

출혈 시 호흡과 맥박이 빠르고 약하며 불규칙하고, 체온이 떨어지고 호흡곤란도 나타난다.

| 정답 | ①

25 옥내소화전설비 중 펌프의 성능을 시험하기 위하여 설치하는 배관으로 개폐밸브, 유량계, 유량조절밸브로 이루어진 것은?

① 가지배관
② 교차배관
③ 순환배관
④ 성능시험배관

해설

성능시험배관
- 정기적으로 펌프의 성능을 시험하여 펌프 성능곡선의 양부 및 방수압과 토출량을 검사하기 위하여 설치한다.
- 개폐밸브, 유량계, 유량조절밸브로 이루어져 있다.

| 정답 | ④

26 다음 11층 이상인 건물의 경보상황을 보고 유추할 수 있는 사항으로 옳은 것은?

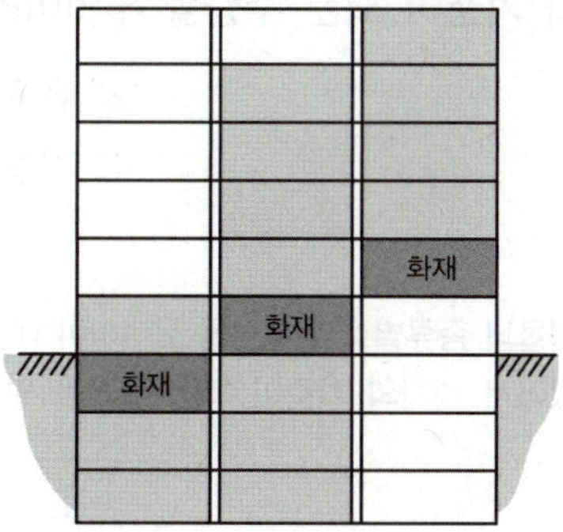

① 발화층 및 직상 4개 층 경보
② 일제경보
③ 구분경보
④ 직하발화 우선경보

해설

층수가 11층(공동주택의 경우 16층) 이상의 특정소방대상물은 다음의 기준에 따라 경보를 발할 수 있어야 한다.

2층 이상의 층에서 발화	발화층 및 그 직상 4개 층에 경보를 발할 것
1층에서 발화	발화층·그 직상 4개 층 및 지하층에 경보를 발할 것
지하층에서 발화	발화층·그 직상층 및 기타의 지하층에 경보를 발할 것

| 정답 | ①

27 어느 회사는 소방안전관리자를 2022년 1월 1일에 선임하였다. 언제까지 관할 소방서장에게 신고해야 하는가?

① 2022년 1월 7일
② 2022년 1월 14일
③ 2022년 1월 21일
④ 2022년 1월 31일

해설

소방안전관리자 또는 소방안전관리보조자를 선임한 경우에는 행정안전부령으로 정하는 바에 따라 선임한 날부터 14일 이내에 소방본부장 또는 소방서장에게 신고해야 한다. 따라서 2022년 1월 14일까지 신고해야 한다.

| 정답 | ②

28

위험물의 종류별로 위험성을 고려하여 대통령령이 정하는 수량으로서 제조소등의 설치허가 등에 있어 최저의 기준이 되는 수량을 무엇이라 하는가?

① 허가수량　　　　② 유효수량
③ 지정수량　　　　④ 저장수량

해설
"지정수량"이라 함은 위험물의 종류별로 위험성을 고려하여 대통령령이 정하는 수량으로서 규정에 의한 제조소등의 설치허가 등에 있어서 최저의 기준이 되는 수량을 말한다.

|정답| ③

29

다음 그림은 옥내소화전의 동력제어반과 감시제어반을 나타낸 것이다. 이에 대한 설명으로 옳지 않은 것은?

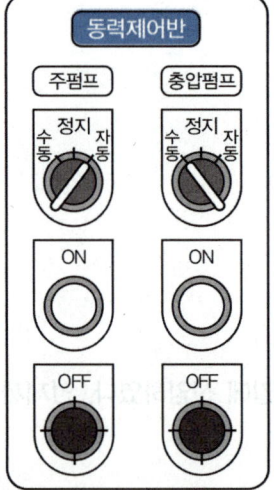
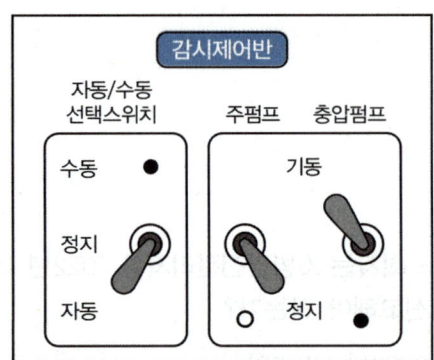

① 옥내소화전 사용 시 주펌프는 기동한다.
② 옥내소화전 사용 시 충압펌프는 기동하지 않는다.
③ 현재 충압펌프는 기동 중이다.
④ 현재 주펌프는 정지상태이다.

해설
동력제어반에서 주펌프와 충압펌프의 정지표시등이 점등되어 있으므로 현재 충압펌프는 정지상태이다.

|정답| ③

30 준비작동식 유수검지장치를 작동시키는 방법으로 적절하지 않은 것은?

① 해당 방호구역의 감지기 1개 회로를 작동
② 수동조작함(SVP)의 수동조작스위치 작동
③ 밸브 자체에 부착된 수동기동밸브 개방
④ 수신기의 준비작동식 유수검지장치 수동기동스위치 작동

해설

준비작동식 유수검지장치를 작동시키는 방법
- 해당 방호구역의 감지기 2개 회로 작동
- 수동조작함(SVP)의 수동조작스위치 작동
- 밸브 자체에 부착된 수동기동밸브 개방
- 감시제어반(수신기) 측의 준비작동식 유수검지장치 수동기동스위치 작동
- 감시제어반(수신기)에서 동작시험스위치 및 회로선택스위치 작동(2회로 작동)

|정답| ①

31 다음 그림과 같이 분말소화기를 점검하였다. 점검 결과로 옳은 것은?

그림 1	그림 2	그림 3
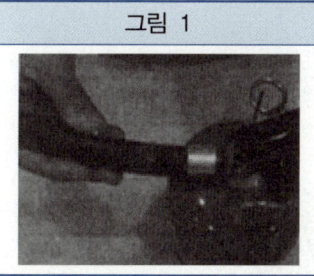		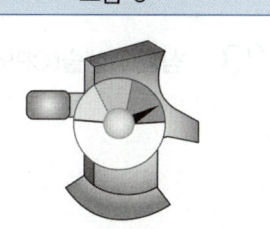

① 그림 1, 2는 외관상 문제가 없다.
② 그림 1은 안전핀 체결상태가 불량이다.
③ 그림 1은 호스가 손상되었고, 그림 2는 호스가 탈락되었다.
④ 그림 3은 지시압력계의 압력이 부족하다.

해설
- 그림 1은 호스가 파손되었다.
- 그림 2는 호스가 탈락되었다.
- 지시압력계가 적색을 가리키므로 압력이 높다.

|정답| ③

32 자동화재탐지설비의 회로도통시험 적부 판정방법으로 옳지 않은 것은?

① 전압계가 있는 경우 정상은 24[V]를 가리킨다.
② 전압계가 있는 경우 단선은 0[V]를 가리킨다.
③ 도통시험 확인등이 있는 경우 정상은 정상 확인등이 녹색으로 점등된다.
④ 도통시험 확인등이 있는 경우 단선은 단선 확인등이 적색으로 점등된다.

해설
자동화재탐지설비 회로도통시험의 적부 판정방법

구분	회로시험스위치			비고
	로터리 방식		버튼 방식	
적부 판정방법	전압계가 있는 경우	• 정상 : 4~8[V] • 단선 : 0[V]	• 정상 : 각 경계구역별 도통시험 단선 확인등(녹색) 점등 • 단선 : 각 경계구역별 도통시험 단선 확인등(적색) 점등	■ 정상 ■ 단선 도통시험 단선인 경우 (적색등 점등)
	도통시험 확인등이 있는 경우	• 정상 : 정상 확인등 점등(녹색) • 단선 : 단선 확인등 점등(적색)		

| 정답 | ①

33 심폐소생술(CPR) 시행 시 가슴압박의 위치는?

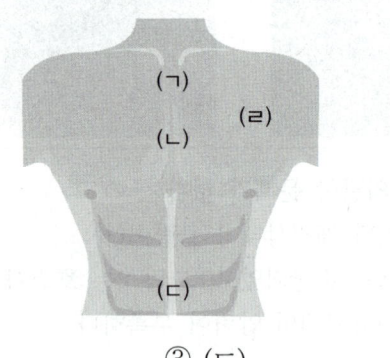

① (ㄱ) ② (ㄴ) ③ (ㄷ) ④ (ㄹ)

해설
심폐소생술 시행 시 환자를 바닥이 단단하고 평평한 곳에 등을 대고 눕힌 뒤에 가슴뼈(흉골)의 아래쪽 절반 부위에 깍지를 낀 두 손의 손바닥 뒤꿈치를 대고 가슴압박을 시행한다.

| 정답 | ②

34 다음 그림은 가스계 소화설비 중 기동용기함의 각 구성요소를 나타낸 것이다. 가스계 소화설비 작동점검 전 가장 우선해야 하는 안전조치로 옳은 것은?

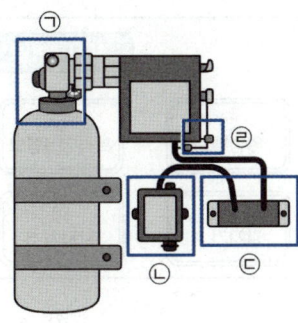

① ㉠의 연결부분을 분리한다.
② ㉡의 압력스위치를 당긴다.
③ ㉢의 단자에 배선을 연결한다.
④ ㉣의 안전핀을 체결한다.

해설
가스계 소화설비의 작동점검 전 안전조치로 가장 먼저 해야 하는 것은 ㉣의 안전핀을 체결하는 것이다.

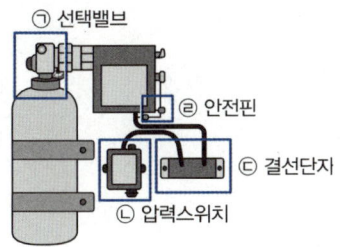

| 정답 | ④

35 심폐소생술을 시행할 때 성인의 경우 가슴압박은 분당 몇 회의 속도로 실시해야 하는가?

① 분당 60~80회의 속도
② 분당 80~100회의 속도
③ 분당 100~120회의 속도
④ 분당 120~140회의 속도

해설
일반인 심폐소생술 시행방법
반응 확인 → 119 신고 → 호흡 확인 → 가슴압박 30회 시행(성인의 경우 분당 100~120회) → 인공호흡 2회 시행 → 가슴압박과 인공호흡의 반복 → 회복자세

| 정답 | ③

36 습식 스프링클러설비의 시험밸브 개방 시 감시제어반의 표시등이 점등되어야 할 것으로 옳은 것은? (단, 설비는 정상상태이며, 제시되지 않은 조건은 무시한다)

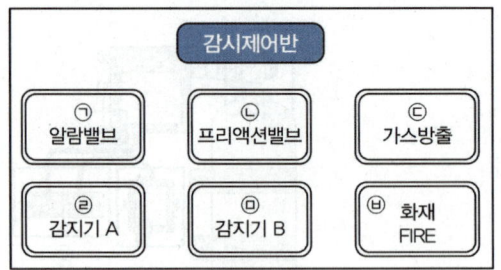

① ㉠, ㉥　　　　　　　　　② ㉡, ㉢
③ ㉢, ㉣　　　　　　　　　④ ㉣, ㉤

해설

습식 스프링클러설비의 점검 시 확인사항
- 감시제어반(수신기) 확인사항
  - 화재표시등 점등 확인
  - 해당 구역 밸브개방표시등(습식 : 알람밸브표시등) 점등 확인
- 해당 방호구역의 경보(사이렌) 상태 확인
- 소화펌프 자동기동 여부 확인

|정답| ①

37 옥외소화전 호스의 구경은 몇 mm로 해야 하는가?

① 40mm　　　　　　　　② 65mm
③ 80mm　　　　　　　　④ 100mm

해설

옥외소화전의 호스접결구는 지면으로부터 높이가 0.5m 이상 1m 이하의 위치에 설치하고 특정소방대상물의 각 부분으로부터 하나의 호스접결구까지의 수평거리가 40m 이하가 되도록 설치해야 하며, 호스는 구경 65mm의 것으로 해야 한다.

|정답| ②

38. 가스계 소화설비의 점검을 위해 기동용기와 솔레노이드밸브를 분리하였다. 다음 그림과 같이 감지기를 동작시킨 경우 확인되는 사항으로 옳지 않은 것은? (단, 교차회로감지기 2개를 작동시켰다)

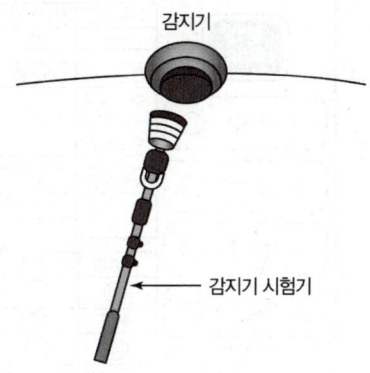

① 제어반 화재 표시
② 솔레노이드밸브 파괴침 동작
③ 사이렌 또는 경종 동작
④ 방출표시등 점등

해설
기동용기와 솔레노이드밸브를 분리한 다음 감지기를 동작시켰으므로 방출표시등은 점등되지 않는다. 방출표시등은 압력스위치 동작에 의해 점등된다.

| 정답 | ④

39. 화재 등 재난발생 시 비상연락, 초기소화, 피난유도 및 인명·재산피해의 최소화를 위해 편성된 자율안전관리조직을 무엇이라고 하는가?

① 소방공무원
② 자위소방대
③ 의무소방원
④ 의용소방대원

해설
소방안전관리대상물에서 화재 등 재난발생 시 비상연락, 초기소화, 피난유도 및 인명·재산피해의 최소화를 위해 편성된 자율안전관리조직은 자위소방대이다.

| 정답 | ②

40 다음은 버튼식 P형 수신기 도통시험에 대한 내용이다. 도통시험 버튼을 누르고 각 회선별로 버튼을 눌렀을 때 결과를 판정하는 방법으로 적절한 것은?

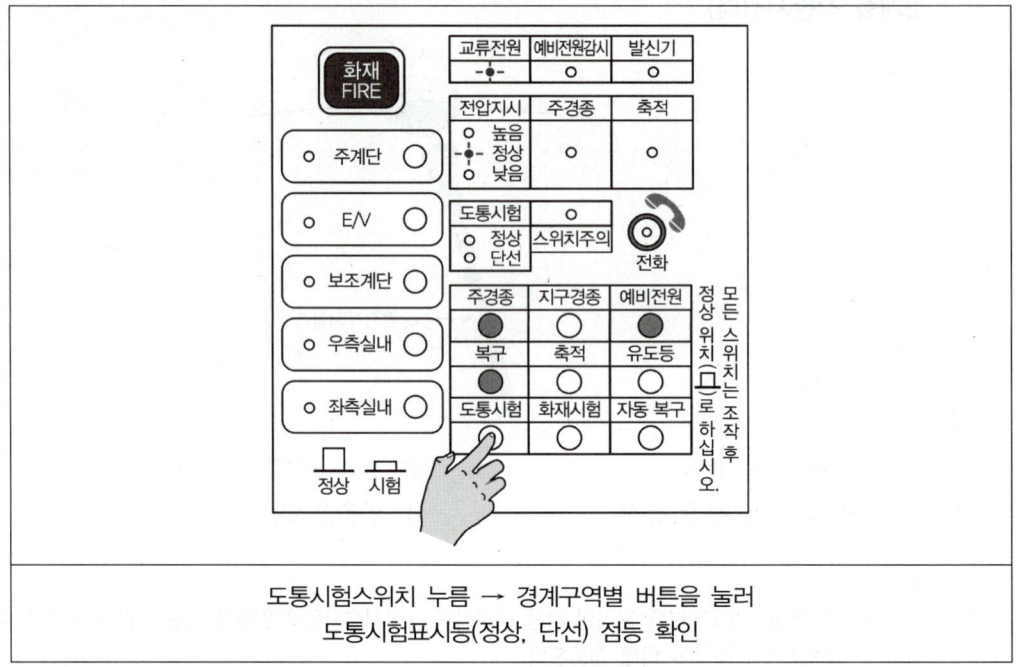

① 주계단 버튼을 누르면 녹색등이 소등되므로 정상이다.
② E/V 버튼을 누르면 적색등이 점등되므로 정상으로 판단한다.
③ 보조계단 버튼을 누르면 교류전원이 소등되므로 정상이다.
④ 우측실내 버튼을 누르면 도통시험 확인등이 녹색이므로 정상이다.

[해설]
버튼식 P형 수신기 도통시험에서 경계구역별로 버튼을 눌렀을 때 정상이면 녹색등, 단선이면 적색등으로 표시된다.

|정답| ④

41 화재발생 시 안전하고 원활한 피난활동을 할 수 있도록 설치하는 비상조명등의 조도는 바닥에서 몇 lx 이상이어야 하는가?

① 1[lx] 이상 ② 3[lx] 이상
③ 5[lx] 이상 ④ 10[lx] 이상

[해설]
비상조명등의 조도는 각 부분의 바닥에서 1[lx] 이상이어야 한다.

|정답| ①

42 다음 표와 사진을 참고하여 분석한 소화기 상태에 대한 설명으로 옳은 것은?

종별 및 형식	수동식 소화기 이산화탄소 2.3kg(철제)
제조연월	2018.01
방사시간	14초
소화능력단위	B, C
총 중량	8.5kg

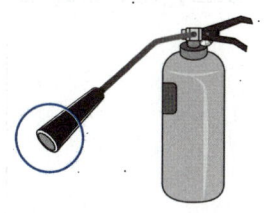

① 일반화재에 적합하다.
② 혼(Hone)이 파손되었지만 교체할 필요가 없다.
③ 내용연수가 10년이므로 교체해야 한다.
④ 전기 및 유류화재에 적합한 소화기이다.

해설
이산화탄소소화기의 소화약제
• 주성분 : 이산화탄소(순도 99.5% 이상)
• 적응화재 : BC급(유류화재, 전기화재)
• 소화효과 : 질식·냉각효과

|정답| ④

43 다음 그림은 화재발신기 수신기 상태이다. 이에 대한 설명으로 옳지 않은 것은?

① 2층에서 화재가 발생하였다.
② 경종이 울리고 있다.
③ 화재 신호기기는 발신기이다.
④ 화재 신호기기는 감지기이다.

해설
발신기램프가 점등되어 있지 않으므로 화재 신호기기는 감지기로 추정할 수 있다.

|정답| ③

44 다음 그림은 가스계 소화설비 점검 중 감시제어반의 모습이다. 이에 대한 설명으로 옳은 것은? (단, 점검 전 약제방출 방지를 위한 안전조치를 완료한 상태이다)

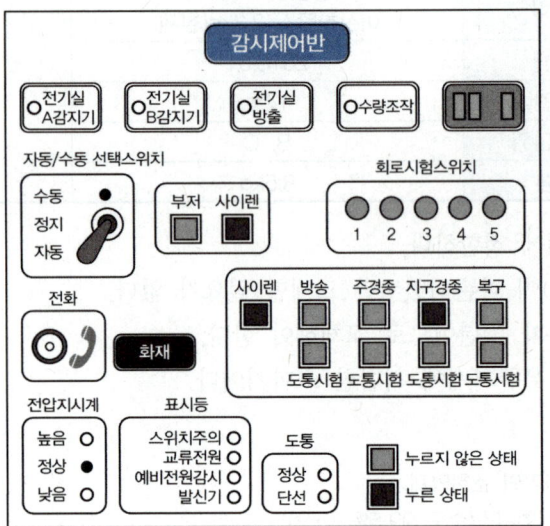

① 교차회로감지기(A 감지기 and B 감지기)는 기계실에 설치되어 있다.
② 전기실에서 소화약제가 방출되지 않는다.
③ 주경종, 지구경종, 사이렌, 비상방송은 정상적으로 작동되고 있다.
④ 전기실 출입문 위 약제방출표시등은 점등되어 있을 것이다.

[해설]
전기실 방출램프가 점등되어 있지 않으므로 전기실에서 소화약제가 방출되지 않는다.

| 정답 | ②

45 응급처치의 일반원칙에 대한 설명으로 틀린 것은?

① 긴박한 상황에서 구조자는 환자의 안전을 최우선으로 한다.
② 환자 상태를 관찰하고 모든 손상을 발견하여 처치하되 불확실한 처치는 하지 않는다.
③ 119 구급차 이용 시 전국 어느 곳에서 이송거리나 환자 수 등과 관계없이 무료이다.
④ 응급처치 시 사전에 보호자 또는 당사자의 이해와 동의를 얻어 실시하는 것을 원칙으로 한다.

[해설]
응급처치 시 긴박한 상황에서도 구조자는 자신의 안전을 최우선으로 한다.

| 정답 | ①

46 최상층의 옥내소화전설비 방수압력을 시험하고 있다. 다음 그림을 보고 옥내소화전설비의 동력제어반 상태, 점검결과, 불량내용이 순서대로 옳은 것은? (단, 동력제어반 정상위치 여부만 판단한다)

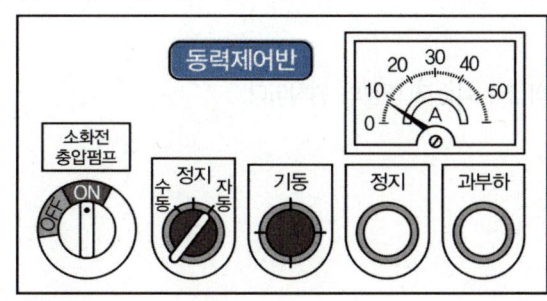

① 펌프수동기동, ×, 펌프 자동 기동불가
② 펌프수동기동, ○, 이상 없음
③ 펌프자동기동, ○, 이상 없음
④ 펌프자동기동, ×, 알 수 없음

해설
- 동력제어반 선택스위치가 자동이고, 기동램프가 점등되어 있다.
- 점검결과 불량내용이 이상 없으므로 점검결과는 ○이고, 불량내용은 이상 없음이다.

|정답| ③

47 다음 중 지혈대 사용법에 대한 설명으로 옳은 것은?

① 5cm 이상의 띠를 사용한다.
② 출혈 부위를 심장보다 높인다.
③ 출혈 상처 부위를 직접 압박하는 방법이다.
④ 소독거즈로 출혈 부위를 덮은 후 4~6in 압박붕대로 출혈 부위를 압박하여 감는다.

해설
지혈대 사용법
절단과 같은 심한 출혈이 있을 때나 지혈법으로도 출혈을 막지 못할 경우 최후의 수단으로 사용하는 방법으로, 5cm 이상의 띠를 사용한다.

|정답| ①

48 다음 중 소방교육 및 훈련의 실시원칙에 해당하지 않는 것은?

① 목적의 원칙 ② 교육자 중심의 원칙
③ 현실의 원칙 ④ 관련성의 원칙

해설
교육자 중심이 아니라 학습자 중심의 원칙이다.

| 정답 | ②

49 다음 중 학습자 중심의 원칙에 해당하지 않는 것은?

① 학습에 대한 보상을 제공한다.
② 학습자에게 감동이 있는 교육이 되어야 한다.
③ 한 번에 한 가지씩 습득 가능한 분량을 교육 및 훈련시킨다.
④ 쉬운 것에서 어려운 것으로 교육을 실시하되 기능적 이해에 비중을 둔다.

해설
학습에 대한 보상을 제공하는 것은 동기부여의 원칙에 해당한다.

| 정답 | ①

50 다음 중 비상조명등의 비상전원을 60분 이상 유효하게 작동시킬 수 있는 용량으로 하지 않아도 되는 특정소방대상물은?

① 지하상가
② 숙박시설
③ 무창층으로서 용도가 소매시장
④ 지하층을 제외한 층수가 11층 이상의 층

해설
비상조명등의 유효 작동시간
- 20분 이상(원칙)
- 60분 이상 : 지하층을 제외한 층수가 11층 이상의 층이거나 지하층 또는 무창층으로서 용도가 도매시장, 소매시장, 여객자동차터미널, 지하역사 또는 지하상가인 경우

| 정답 | ②

2021년 기출복원문제

01 실무교육을 받지 아니한 소방안전관리자 및 소방안전관리보조자에 대한 벌칙으로 옳은 것은?

① 500만원 이하의 과태료
② 300만원 이하의 과태료
③ 200만원 이하의 과태료
④ 100만원 이하의 과태료

[해설]
실무교육을 받지 아니한 소방안전관리자 및 소방안전관리보조자에게는 50만원의 과태료를 부과한다.

| 정답 | ④

02 화재예방법에서 화재안전조사를 실시하는 경우에 해당하지 않는 것은?

① 소방대상물의 관계인이 요청하는 경우
② 화재예방안전진단이 불성실하거나 불완전하다고 인정되는 경우
③ 화재예방강화지구 등 법령에서 화재안전조사를 하도록 규정되어 있는 경우
④ 화재가 자주 발생하였거나 발생할 우려가 뚜렷한 곳에 대한 조사가 필요한 경우

[해설]
화재안전조사를 실시할 수 있는 경우
- 자체점검이 불성실하거나 불완전하다고 인정되는 경우
- 화재예방강화지구 등 법령에서 화재안전조사를 하도록 규정되어 있는 경우
- 화재예방안전진단이 불성실하거나 불완전하다고 인정되는 경우
- 국가적 행사 등 주요 행사가 개최되는 장소 및 그 주변의 관계 지역에 대하여 소방안전관리 실태를 조사할 필요가 있는 경우
- 화재가 자주 발생하였거나 발생할 우려가 뚜렷한 곳에 대한 조사가 필요한 경우
- 재난예측정보, 기상예보 등을 분석한 결과 소방대상물에 화재의 발생 위험이 크다고 판단되는 경우
- 위에서 규정한 경우 외에 화재, 그 밖의 긴급한 상황이 발생할 경우 인명 또는 재산 피해의 우려가 현저하다고 판단되는 경우

| 정답 | ①

03 전기화재 예방요령으로 옳지 않은 것을 모두 고른 것은?

> ㉠ 사용하지 않는 기구는 전원을 끄고 플러그를 꽂아 둔다.
> ㉡ 과전류 차단장치를 설치한다.
> ㉢ 규격 퓨즈를 사용하고 끊어질 경우 그 원인을 조치한다.
> ㉣ 비닐장판 밑으로 전선이 보이지 않게 정리하여 넣어 둔다.

① ㉠
② ㉠, ㉣
③ ㉡, ㉢
④ ㉡, ㉢, ㉣

해설
㉠ 사용하지 않는 기구는 전원을 끄고 플러그를 뽑아 둔다.
㉣ 비닐장판 밑으로 전선이 보이지 않게 정리하여 넣어두면 전선에서 열이 발생하는데, 이때 열이 제대로 방출되지 않아 과열될 수 있다. 따라서 비닐장판 밑으로는 전선이 지나지 않도록 한다.

|정답| ②

04 다음 중 과태료의 기준으로 옳은 것은?

> 가. 화재로 오인할 만한 우려가 있는 불을 피우거나 연막 소독을 하려는 자가 신고를 하지 아니하여 소방자동차를 출동하게 한 자
> 나. 소방시설법상 소방시설을 화재안전기준에 따라 설치·관리하지 아니한 자

	가	나
①	10만원 이하의 과태료	300만원 이하의 과태료
②	20만원 이하의 과태료	100만원 이하의 과태료
③	10만원 이하의 과태료	100만원 이하의 과태료
④	20만원 이하의 과태료	300만원 이하의 과태료

해설
가. 화재로 오인할 만한 우려가 있는 불을 피우거나 연막 소독을 하려는 자가 신고를 하지 아니하여 소방자동차를 출동하게 한 자 : 20만원 이하의 과태료
나. 소방시설법상 소방시설을 화재안전기준에 따라 설치·관리하지 아니한 자 : 300만원 이하의 과태료

|정답| ④

05 피난·방화시설 관련 금지행위 중 폐쇄행위에 해당하지 않는 것은?

① 방화문을 목재, 유리문 등으로 변경하는 행위
② 비상구에 잠금장치 설치로 누구나 쉽게 열 수 없게 하는 행위
③ 쇠창살·용접 등으로 비상구 개방이 불가하게 하는 행위
④ 계단, 복도에서 방범철책(창) 설치로 피난할 수 없게 하는 행위

해설
방화문을 철거하고 목재, 유리문 등으로 변경하는 행위는 변경행위이다.

| 정답 | ①

06 다음 중 화재안전조사 항목으로 옳지 않은 것은?

① 방염에 관한 사항
② 화재의 예방조치 등에 관한 사항
③ 소방안전관리 업무 수행에 관한 사항
④ 특정소방대상물에 대한 강제처분에 관한 사항

해설
특정소방대상물에 대한 강제처분에 관한 사항은 화재안전조사 항목에 해당하지 않는다.

| 정답 | ④

07 정전기에 의한 재해를 방지하기 위한 예방대책으로 옳지 않은 것은?

① 정전기의 발생이 우려되는 장소에 접지시설을 설치한다.
② 실내의 공기를 이온화하여 정전기의 발생을 예방한다.
③ 정전기는 습도가 높거나 압력이 낮을 때 많이 발생하므로 습도를 70% 이상으로 한다.
④ 전기저항이 큰 물질은 대전이 용이하므로 전도체 물질을 사용한다.

해설
정전기는 주로 습도가 낮은 건조한 환경에서 많이 발생하므로 습도를 70% 이상으로 한다.

| 정답 | ③

08 연료가스의 종류와 특성에 대한 설명으로 틀린 것은?

① 액화석유가스는 연소기 또는 관통부로서 수평거리 4m 이내의 위치에 가스누설경보기를 설치한다.
② 액화천연가스의 비중은 1.5~2이다.
③ 증기비중이 1보다 큰 가스의 경우 탐지기의 상단은 바닥면의 상방 30cm 이내의 위치에 설치한다.
④ 가스누설경보기는 가스의 누출현상이 나타나면 자동적으로 경보를 발한다.

[해설]
액화천연가스(LNG)의 비중은 0.6으로 누출 시 천장 쪽에 체류하고, 액화석유가스(LPG)의 비중은 1.5~2로 누출 시 낮은 곳에 체류한다.

[꼼꼼 문제분석]
가스누설경보기의 설치위치

증기비중이 1보다 작은 가스의 경우	• 가스연소기로부터 수평거리 8m 이내의 위치에 설치 • 탐지기의 하단은 천장면의 하방 30cm 이내의 위치에 설치
증기비중이 1보다 큰 가스의 경우	• 가스연소기 또는 관통부로부터 수평거리 4m 이내의 위치에 설치 • 탐지기의 상단은 바닥면의 상방 30cm 이내의 위치에 설치

| 정답 | ②

09 어떤 특정소방대상물에 소방안전관리자를 선임하던 중 2025년 7월 1일에 해임하였다. 해임한 날부터 며칠 이내에 선임해야 하고 관할 소방서장에게 며칠 이내 신고해야 하는가?

① 선임일 : 2025년 7월 15일, 선임신고일 : 2025년 7월 25일
② 선임일 : 2025년 7월 21일, 선임신고일 : 2025년 8월 31일
③ 선임일 : 2025년 8월 1일, 선임신고일 : 2025년 8월 11일
④ 선임일 : 2025년 8월 1일, 선임신고일 : 2023년 8월 31일

[해설]
소방안전관리자의 선임신고

선임	소방안전관리대상물의 관계인은 소방안전관리(보조)자를 30일 이내에 선임해야 함
선임신고 등	소방안전관리자 또는 소방안전관리보조자를 선임한 경우에는 행정안전부령으로 정하는 바에 따라 선임한 날부터 14일 이내에서 소방본부장 또는 소방서장에게 신고하여야 함

| 정답 | ①

10 다음 중 방염성능기준 이상의 실내장식물 등을 설치해야 하는 장소가 아닌 것은?

① 의료시설
② 노유자 시설
③ 다중이용업소
④ 층수가 11층 이상인 아파트

해설

방염성능기준 이상의 실내장식물 등을 설치해야 하는 특정소방대상물
- 근린생활시설 중 의원, 치과의원, 한의원, 조산원, 산후조리원, 체력단련장, 공연장 및 종교집회장
- 건축물의 옥내에 있는 시설 중 문화 및 집회시설, 종교시설, 운동시설(수영장 제외)
- 의료시설, 교육연구시설 중 합숙소
- 노유자 시설, 숙박이 가능한 수련시설, 숙박시설
- 방송통신시설 중 방송국 및 촬영소
- 다중이용업소
- 위의 시설에 해당하지 않는 것으로서 11층 이상인 것(아파트등은 제외)

| 정답 | ④

11 어느 건축물의 바닥면적이 각각 1층에 700m², 2층에 600m², 3층에 300m², 4층에 200m²이다. 이 건축물의 최소 경계구역수는?

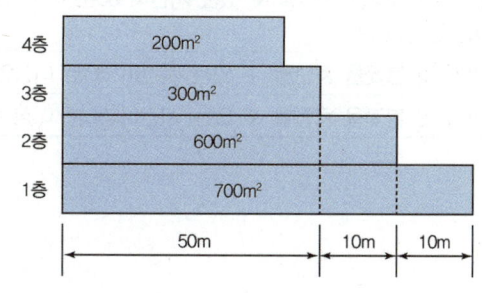

① 2개
② 3개
③ 4개
④ 5개

해설

- 1층 : 하나의 경계구역의 면적은 600m² 이하이므로 $\dfrac{700\text{m}^2}{600\text{m}^2} = 1.1 =$ 2개(소수점 올림)
- 2층 : 하나의 경계구역의 면적은 600m² 이하이지만, 한 변의 길이가 50m를 초과하므로 경계구역은 2개
- 3층, 4층 : 500m² 이하의 범위 안에서는 2개의 층을 하나의 경계구역으로 할 수 있으므로
  $\dfrac{(300+200)\text{m}^2}{500\text{m}^2} = 1$개

∴ 2 + 2 + 1 = 5개

| 정답 | ④

12 다음 중 소화용수설비의 설명으로 옳은 것은?

① 화재발생 사실을 통보하는 기계·기구 또는 설비
② 화재가 발생할 경우 피난하기 위하여 사용하는 기구 또는 설비
③ 화재를 진압하는 데 필요한 물을 공급하거나 저장하는 설비
④ 화재를 진압하거나 인명구조활동을 위하여 사용하는 설비

해설
① 경보설비, ② 피난구조설비, ④ 소화활동설비

| 정답 | ③

13 다음 중 건축관계법령상 규정된 방화문에 해당하지 않는 것은?

① 60분+방화문　　　　　② 60분방화문
③ 30분+방화문　　　　　④ 30분방화문

해설
방화문의 구분

60분+방화문	연기 및 불꽃을 차단할 수 있는 시간이 60분 이상이고, 열을 차단할 수 있는 시간이 30분 이상인 방화문
60분방화문	연기 및 불꽃을 차단할 수 있는 시간이 60분 이상인 방화문
30분방화문	연기 및 불꽃을 차단할 수 있는 시간이 30분 이상 60분 미만인 방화문

| 정답 | ③

14 소방기본법상 소방대상물이 아닌 것은?

① 차량　　　　　　　　② 산림
③ 건축물　　　　　　　④ 항해 중인 선박

해설
소방기본법상 소방대상물
건축물, 차량, 선박(항구에 매어둔 선박만 해당), 선박 건조 구조물, 산림, 그 밖의 인공 구조물 또는 물건

| 정답 | ④

15 다음 중 화재안전조사 결과에 따른 조치명령 사항이 아닌 것은?

① 재축명령 ② 개수명령
③ 제거명령 ④ 이전명령

해설

화재안전조사

명령권자	소방관서장(소방청장·소방본부장·소방서장)
결과에 따른 조치명령	• 소방대상물의 개수·이전·제거 • 사용의 금지 또는 제한 • 사용폐쇄 • 공사의 정지 또는 중지

|정답| ①

16 다음 중 표면연소에 해당하지 않는 것은?

① 숯 ② 코크스
③ 마그네슘 ④ 양초

해설

양초의 주된 연소형태는 증발연소이다.

|정답| ④

17 다음 중 연기의 확산속도에 대한 설명으로 옳은 것은?

① 수평방향 이동속도는 2~3m/s이다.
② 수직방향 이동속도는 0.5~1m/s이다.
③ 연기는 수직방향보다 수평방향으로 빠르게 이동한다.
④ 계단실 내에서 수직방향 이동속도는 3~5m/s로 빠르게 이동한다.

해설

연기의 유동 및 확산은 벽 및 천장을 따라 진행하며 일반적으로 확산속도는 다음과 같다.
• 수평방향 : 0.5~1m/sec
• 수직방향 : 2~3m/sec
• 계단실 내의 수직이동속도 : 3~5m/sec

|정답| ④

18 다음 중 건식 스프링클러설비의 구성요소가 아닌 것은?

① 가속기 ② 공기배출기
③ 압력스위치 ④ 리타딩챔버

해설
건식 스프링클러설비의 주요 구성요소
- 건식 밸브
- 가속기
- 공기배출기
- 공기압축기
- 압력스위치
- 탬퍼스위치

|정답| ④

19 위험물과 지정수량의 연결이 옳지 않은 것은?

① 휘발유 - 200L ② 중유 - 1,000L
③ 등유 - 1,000L ④ 알코올류 - 400L

해설
중유는 제4류 위험물 중 제3석유류(비수용성)로 지정수량은 2,000L이다.

|정답| ②

20 제5류 위험물의 화재 시 소화방법에 대한 설명으로 옳은 것은?

① 가연성 물질로서 연소속도가 빠르므로 질식소화가 효과적이다.
② 할로겐(할로젠)화합물 소화기가 적응성이 있다.
③ CO_2 및 분말소화기가 적응성이 있다.
④ 다량의 주수에 의한 냉각소화가 효과적이다.

해설
제5류 위험물은 화재 시 다량의 주수에 의한 냉각소화가 가장 효과적이다.

|정답| ④

21 스프링클러설비의 종류 중 화재감지기가 별도로 필요한 것은?

① 습식 스프링클러설비, 건식 스프링클러설비
② 건식 스프링클러설비, 준비작동식 스프링클러설비
③ 습식 스프링클러설비, 일제살수식 스프링클러설비
④ 준비작동식 스프링클러설비, 일제살수식 스프링클러설비

해설
화재감지기가 별도로 필요한 것은 준비작동식 스프링클러설비와 일제살수식 스프링클러설비이다.

꼼꼼 문제분석

스프링클러설비의 종류별 특징

구분	폐쇄형			개방형
	습식	건식	준비작동식	일제살수식
내용물	배관 내 가압수	• 1차 측 : 가압수 • 2차 측 : 압축공기	• 1차 측 : 가압수 • 2차 측 : 대기압	• 1차 측 : 가압수 • 2차 측 : 대기압
주요 구성요소	• 자동경보밸브 • 압력스위치 • 탬퍼스위치	• 건식 밸브 • 가속기 • 공기배출기 • 공기압축기 • 압력스위치 • 탬퍼스위치	• 준비작동밸브 • 수동조작함 • 압력스위치 • 화재감지기 • 수동기동장치 (긴급해제밸브)	• 일제개방밸브 • 화재감지기 • 수동기동장치 • 탬퍼스위치

| 정답 | ④

22 가스화재의 원인 중 공급자 측의 원인으로 볼 수 없는 것은?

① 용기 밸브의 오작동
② 고압가스 운반기준 미이행
③ 조정기 분해 오조작
④ 가스충전 작업 중 누설폭발

해설
조정기 분해 오조작은 사용자 측의 원인이다.

| 정답 | ③

23 유도등의 3선식 배선 시 자동으로 점등되는 경우가 아닌 것은?

① 자동화재탐지설비의 감지기 또는 발신기가 작동되는 때
② 비상경보설비의 발신기가 작동되는 때
③ 상용전원이 정전되거나 전원선이 단락되는 때
④ 자동소화설비가 작동되는 때

해설
유도등의 3선식 배선 시 자동으로 점등되는 경우
- 자동화재탐지설비의 감지기 또는 발신기가 작동되는 때
- 비상경보설비의 발신기가 작동되는 때
- 상용전원이 정전되거나 전원선이 단선되는 때
- 방재업무를 통제하는 곳 또는 전기실의 배전반에서 수동으로 점등하는 때
- 자동소화설비가 작동되는 때

| 정답 | ③

24 다음 중 소화기구의 점검항목으로 모두 옳은 것은?

㉠ 거주자 등이 손쉽게 사용할 수 있는 장소에 설치되어 있는지 여부
㉡ 예비전원 확보 유무 및 시험 적합 여부
㉢ 배치거리(보행거리 소형 20m 이내, 대형 30m 이내) 적합 여부
㉣ 소화기의 변형·손상 또는 부식 등 외관의 이상 여부
㉤ 지시압력계(황색범위)의 적정 여부
㉥ 수동식 분말소화기 내용연수(7년) 적정 여부

① ㉠, ㉡, ㉢
② ㉠, ㉢, ㉣
③ ㉢, ㉣, ㉤
④ ㉢, ㉤, ㉥

해설
소화기구의 점검항목
- 소화기의 변형·손상 또는 부식 등 외관의 이상 여부
- 지시압력계(녹색범위)의 적정 여부
- 수동식 분말소화기 내용연수(10년) 적정 여부
- 거주자 등이 손쉽게 사용할 수 있는 장소에 설치되어 있는지 여부
- 배치거리(보행거리 소형 20m 이내, 대형 30m 이내) 적합 여부

| 정답 | ②

25 옥내소화전의 펌프기동표시등 색으로 옳은 것은?

① 녹색　　　　　　　　② 적색
③ 황색　　　　　　　　④ 백색

해설
펌프기동표시등 설치위치
가압송수장치의 기동을 표시하는 표시등은 옥내소화전함의 상부 또는 그 직근(적색등)에 설치한다.

| 정답 | ②

26 다음 그림의 수신기에서 화재복구방법으로 옳은 것은?

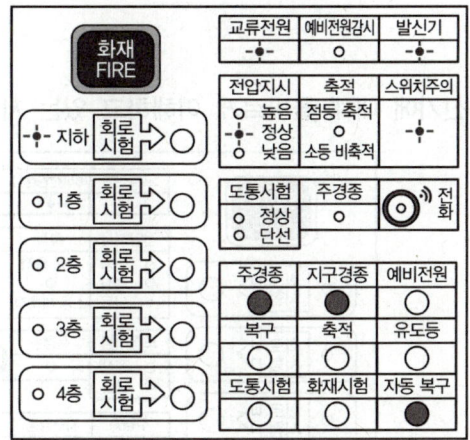

① 수신기 복구버튼을 누르기 전 발신기 누름스위치를 누르면 수신기가 정상상태로 된다.
② 수신기 내 발신기 응답표시등 소등을 위하여 발신기 누름스위치를 반드시 복구시켜야 한다.
③ 수신기 복구버튼을 누르면 주경종, 지구경종 음향이 멈춘다.
④ 스위치주의등은 발신기 응답표시등 소등 시 동시에 소등된다.

해설
• 발신기스위치를 눌러서 화재신호가 들어온 경우 발신기스위치를 복구시킨 후 수신기 복구버튼을 눌러야 수신기가 정상상태로 된다.
• 발신기스위치를 복구시킨 후 수신기 복구버튼을 눌러야 주경종, 지구경종 음향이 멈춘다.
• 스위치주의등은 주경종, 지구경종, 자동복구스위치등이 복구되어야 소등된다.

| 정답 | ②

27 다음 중 객석유도등 설치 대상이 아닌 것은?

① 카바레
② 나이트클럽
③ 종교시설
④ 지하역사

> **해설**
> 객석유도등 설치 대상
> • 유흥주점영업
> • 문화 및 집회시설
> • 종교시설
> • 운동시설

| 정답 | ④

28 다음 그림의 수신기에 대해 올바르게 이해하고 있는 사람을 고르시오.

① 김씨 : 현재 전력은 안정적으로 공급되고 있네요.
② 이씨 : 전력공급이 불안정할 때는 예비전원스위치를 눌러서 전원을 공급해야 해.
③ 박씨 : 예비전원 배터리에 문제가 있을 것으로 예상되므로 예비전원을 교체해야 해.
④ 최씨 : 정전, 화재 등 비상시 소방설비가 정상적으로 작동될거야.

> **해설**
> 전압지시램프가 낮음으로 표시되고 있으므로 전력이 불안정하게 공급되고 있다.

| 정답 | ③

29 심폐소생술 시행 시 가슴압박과 인공호흡의 비율은?

① 20회 : 1회 ② 1회 : 20회
③ 30회 : 2회 ④ 2회 : 30회

해설
일반인 심폐소생술 시행방법
반응 확인 → 119 신고 → 호흡 확인 → 가슴압박 30회 시행 → 인공호흡 2회 시행 → 가슴압박과 인공호흡의 반복 → 회복자세

| 정답 | ③

30 펌프성능시험을 위해 다음 그림과 같이 펌프를 작동하였다. 그림에 대한 설명으로 옳지 않은 것은? (단, 설비는 정상상태이며 제시된 조건을 제외한 나머지 조건은 무시한다)

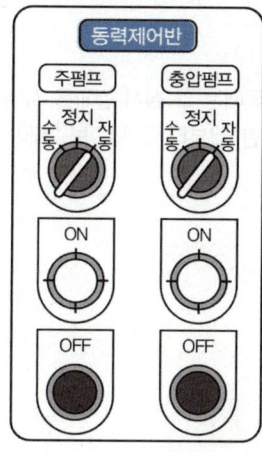
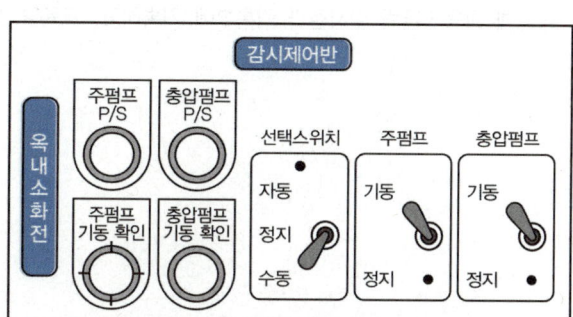

① 기동용 수압개폐장치(압력챔버) 주펌프 압력스위치는 미작동 상태이다.
② 감시제어반의 주펌프스위치를 정지 위치로 내리면 주펌프는 정지한다.
③ 현재 주펌프는 자동으로, 충압펌프는 수동으로 작동하고 있다.
④ 감시제어반 충압펌프 기동확인등이 소등되어 있으므로 불량이다.

해설
감시제어반의 선택스위치가 수동, 주펌프스위치와 충압펌프는 기동으로 되어 있으므로 주펌프, 충압펌프는 모두 수동으로 작동하고 있다.

| 정답 | ③

31 옥외소화전설비의 수원의 수량으로 옳은 것은?

① 옥외소화전 설치개수에 5.0m³를 곱한 양 이상일 것
② 옥외소화전 설치개수에 13.5m³를 곱한 양 이상일 것
③ 옥외소화전 설치개수에 7.0m³를 곱한 양 이상일 것
④ 옥외소화전 설치개수에 7.8m³를 곱한 양 이상일 것

해설
옥외소화전설비의 수원은 그 저수량이 옥외소화전의 설치개수(옥외소화전이 2개 이상 설치된 경우에는 2개)에 7m³를 곱한 양 이상이 되도록 해야 한다.

| 정답 | ③

32 자위소방대의 소방교육 및 훈련을 실시한 기록결과는 몇 년간 보관해야 하는가?

① 1년   ② 2년
③ 3년   ④ 10년

해설
소방안전관리대상물의 소방안전관리자는 소방교육을 실시하였을 때는 그 실시 결과를 자위소방대 및 초기대응체계 교육·훈련 실시결과 기록부에 기록하고, 교육을 실시한 날부터 2년간 보관해야 한다.

| 정답 | ②

33 다음 중 이산화탄소소화설비의 장단점에 대한 설명으로 적절하지 않은 것은?

① 화재 진화 후 깨끗하다.
② 피연소물의 피해가 적다.
③ 전도성이 있어 전기화재에 적합하지 않다.
④ 가연물 내부에서 연소하는 심부화재에 적합하다.

해설
이산화탄소는 전도성이 없어 전기화재에 적합한 소화약제이다.

| 정답 | ③

34 다음 중 바이메탈, 감열판 및 접점 등으로 구성된 감지기는?

① 차동식 스포트형
② 정온식 스포트형
③ 차동식 분포형
④ 정온식 감지선형

해설

정온식 스포트형 열감지기
- 구조 : 바이메탈, 감열판 및 접점 등으로 구분
- 작동도

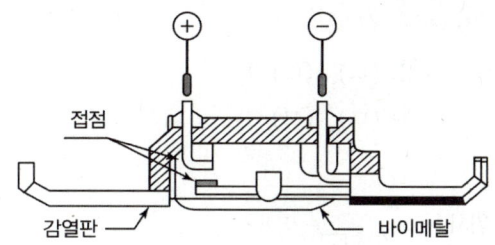 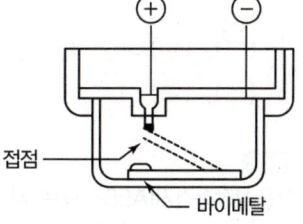

|정답| ②

35 자동화재탐지설비의 경계구역에 대한 설명으로 옳은 것은?

① 하나의 경계구역이 2 이상의 용도에 미치지 않도록 한다.
② 하나의 경계구역이 2 이상의 건축물에 미치지 않도록 한다.
③ 600m² 이하의 범위 안에서는 2개의 층을 하나의 경계구역으로 할 수 있다.
④ 해당 특정소방대상물의 주된 출입구에서 그 내부 전체가 보이는 것에 있어서는 한 변의 길이가 60m 범위 내에서 1,000m² 이하로 할 수 있다.

해설

자동화재탐지설비의 경계구역 설정기준
- 하나의 경계구역이 2 이상의 건축물에 미치지 않도록 할 것
- 하나의 경계구역이 2 이상의 층에 미치지 아니하도록 할 것(다만, 500m² 이하의 범위 안에서는 2개의 층을 하나의 경계구역으로 할 수 있음)
- 하나의 경계구역의 면적은 600m² 이하로 하고 한 변의 길이는 50m 이하로 할 것(다만, 해당 특정소방대상물의 주된 출입구에서 그 내부 전체가 보이는 것에 있어서는 한 변의 길이가 50m 범위 내에서 1,000m² 이하로 할 수 있음)

|정답| ②

36 다음 그림에서 자동심장충격기(AED) 사용 시 패드의 부착 위치로 옳게 짝지어진 것은?

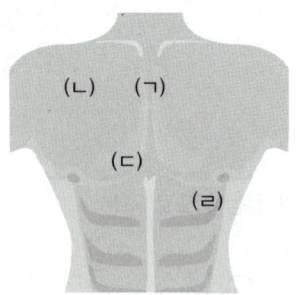

① (ㄱ), (ㄴ) ② (ㄴ), (ㄷ)
③ (ㄴ), (ㄹ) ④ (ㄷ), (ㄹ)

해설
자동심장충격기(AED) 사용 시 패드의 부착 위치
- 패드 1 : 오른쪽 빗장뼈 아래
- 패드 2 : 왼쪽 젖꼭지 아래의 중간겨드랑선

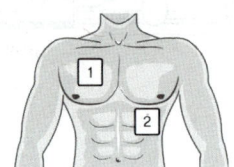

|정답| ③

37 자동화재탐지설비에서 P형 수신기의 회로도통시험 시 회로시험스위치가 로터리 방식으로 전압계가 있는 경우 정상과 단선은 몇 V를 가리키는가?

① 정상 : 4~8[V], 단선 : 0[V]   ② 정상 : 40~80[V], 단선 : 0[V]
③ 정상 : 20~40[V], 단선 : 1[V] ④ 정상 : 2~4[V], 단선 : 1[V]

해설
자동화재탐지설비 회로도통시험의 적부 판정방법

구분	회로시험스위치		비고
	로터리 방식	버튼 방식	
적부 판정방법	전압계가 있는 경우: • 정상 : 4~8[V] • 단선 : 0[V]	• 정상 : 각 경계구역별 도통시험 단선 확인등(녹색) 점등 • 단선 : 각 경계구역별 도통시험 단선 확인등(적색) 점등	■ 정상 ■ 단선 / 도통시험 / 단선인 경우 (적색등 점등)
	도통시험 확인등이 있는 경우: • 정상 : 정상 확인등 점등(녹색) • 단선 : 단선 확인등 점등(적색)		

|정답| ①

38 다음 그림과 같이 주요구조부가 내화구조이며 가, 나, 다와 같은 크기의 실이 있는 건축물에 차동식 스포트형 감지기 2종을 설치할 경우 필요한 감지기의 최소 수량은? (단, 감지기의 부착 높이는 3.5m이다)

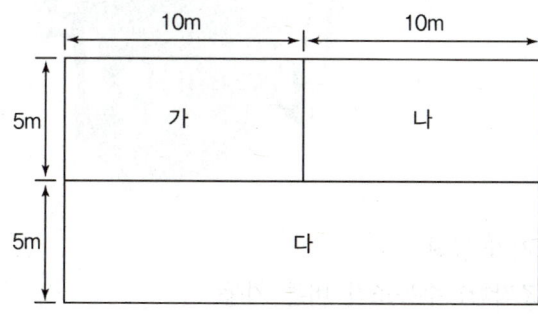

① 2개 ② 4개
③ 6개 ④ 8개

해설

- 가, 나 구역 : $\dfrac{10 \times 5}{70}$ = 0.71 = 1개(소수점 올림)

- 다 구역 : $\dfrac{20 \times 5}{70}$ = 1.43 = 2개(소수점 올림)

∴ 1 + 1 + 2 = 4개

꼼꼼 문제분석

감지기 설치 유효면적(m²)

부착 높이 및 특정소방대상물의 구분		감지기의 종류						
		차동식 스포트형		보상식 스포트형		정온식 스포트형		
		1종	2종	1종	2종	특종	1종	2종
4m 미만	주요구조부가 내화구조로 된 특정소방대상물 또는 그 부분	90	70	90	70	70	60	20
	기타구조의 특정소방대상물 또는 그 부분	50	40	50	40	40	30	15
4m 이상 8m 미만	주요구조부가 내화구조로 된 특정소방대상물 또는 그 부분	45	35	45	35	35	30	−
	기타구조의 특정소방대상물 또는 그 부분	30	25	30	25	25	15	−

| 정답 | ②

39 다음 그림의 밸브가 작동되는 조건으로 옳지 않은 것은?

① 방화문 감지기 동작
② SVP(수동조작함) 수동조작 버튼 기동
③ 감시제어반에서 동작시험
④ 감시제어반에서 수동조작

해설
준비작동식 스프링클러설비의 작동(프리액션밸브)
• 해당 방호구역의 감지기 2개 회로 작동
• SVP(수동조작함)의 수동조작 스위치 작동
• 밸브 자체에 부착된 수동기동밸브 개방
• 감시제어반(수신기) 측의 준비작동식 유수검지장치 수동기동 스위치 작동
• 감시제어반(수신기)에서 동작시험 스위치 및 회로선택 스위치로 작동(2회로 작동)

|정답| ①

40 화재 시 피난을 유도하기 위한 유도등은 정상상태에서 상용전원으로 점등되고, 정전되었을 때는 비상전원으로 자동절환되어 몇 분 이상 작동할 수 있어야 하는가?

① 20분 이상 ② 40분 이상
③ 60분 이상 ④ 120분 이상

해설
유도등은 정상상태에서는 상용정원으로 점등되고, 정전되었을 때는 비상전원으로 자동절환되어 20분 이상 작동할 수 있어야 한다.

|정답| ①

41 예비전원시험스위치를 눌렀을 때 측정되는 정상 전압계의 범위로 옳은 것은?

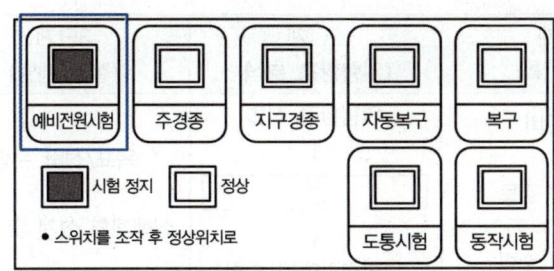

① 5 ~ 10[V]
② 0 ~ 5[V]
③ 12 ~ 24[V]
④ 19 ~ 29[V]

해설
예비전원시험스위치를 눌렀을 때 전압계인 경우 전압범위가 약 19 ~ 29[V]이면 정상이다.

꼼꼼 문제분석
예비전원시험

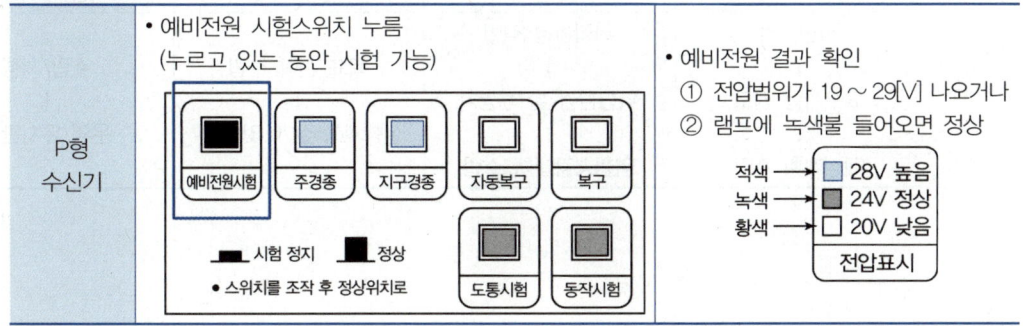

|정답| ④

42 다음 중 공연장, 집회장, 관람장에 설치할 수 있는 유도등으로 적절하지 않은 것은?

① 통로유도등
② 객석유도등
③ 중형피난구유도등
④ 대형피난구유도등

해설
공연장, 집회장(종교집회장 포함), 관람장, 운동시설에는 대형피난구유도등, 통로유도등, 객석유도등을 설치한다.

|정답| ③

43 다음 소방계획의 수립에 대한 4단계의 절차에서 ㉠에 들어갈 내용으로 적절한 것은?

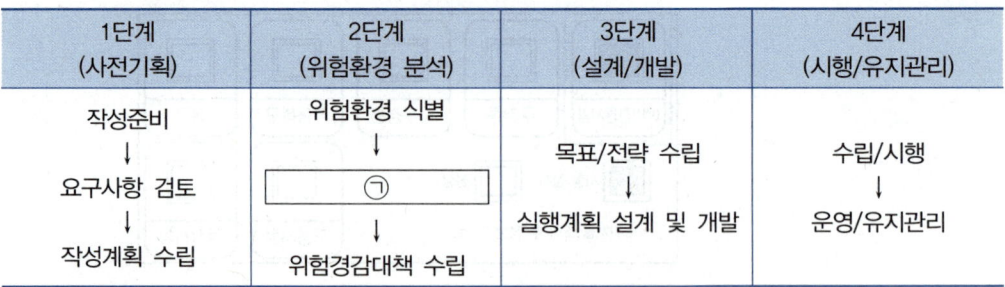

① 위험환경 관찰
② 위험환경 인식
③ 위험환경 분석/평가
④ 위험환경 관리

해설
소방계획의 수립 절차

1단계 (사전기획)	2단계 (위험환경 분석)	3단계 (설계/개발)	4단계 (시행/유지관리)
작성준비 ↓ 요구사항 검토 ↓ 작성계획 수립	위험환경 식별 ↓ 위험환경 분석/평가 ↓ 위험경감대책 수립	목표/전략 수립 ↓ 실행계획 설계 및 개발	수립/시행 ↓ 운영/유지관리

|정답| ③

---

44 장애유형별 피난보조방법으로 적절하지 않은 것은?

① 청각장애인은 시각적인 전달을 위해 표정이나 제스처를 사용한다.
② 여러 명의 시각장애인이 동시에 대피하는 경우 서로 손을 잡고 피난한다.
③ 지적장애인의 경우 공황 상태에 빠질 수 있으므로 차분하고 느린 어조로 도움을 주러 왔음을 밝힌다.
④ 휠체어 사용자의 경우 평지보다 계단에서 주의가 필요하며 다수보다 한 명이 보조할수록 쉬운 대피가 가능하다.

해설
휠체어 사용자의 경우 평지보다 계단에서 주의가 필요하며 많은 사람들이 보조할수록 상대적으로 쉬운 대피가 가능하다.

|정답| ④

45 다음 그림과 같이 옥내소화전설비의 감시제어반이 유지되고 있다. 다음 중 주펌프를 수동 기동하는 방법(㉠, ㉡, ㉢)과 이때 감시제어반에서 작동되는 음향장치(㉣)를 올바르게 나열한 것은? (단, 설비는 정상상태이며 제시된 조건을 제외한 나머지 조건은 무시한다)

① ㉠ 연동, ㉡ 기동, ㉢ 정지, ㉣ 사이렌
② ㉠ 연동, ㉡ 정지, ㉢ 정지, ㉣ 부저
③ ㉠ 수동, ㉡ 기동, ㉢ 정지, ㉣ 부저
④ ㉠ 수동, ㉡ 기동, ㉢ 정지, ㉣ 사이렌

해설
감시제어반의 스위치와 표시등
- 평상시에 펌프는 정지상태로 '자동(연동)'에 있어야 한다.
- 시험점검을 위한 수동 조작 시에는 자동/수동 절환스위치를 '수동' 위치에, 주펌프는 '기동' 버튼을 눌러야 한다.
- 충압펌프를 수동기동하는 것이 아니기 때문에 '정지', 음향장치는 '부저'이다.

| 정답 | ③

46 응급처치의 중요성에 대한 설명으로 틀린 것은?
① 환자의 고통 경감
② 긴급한 환자의 생명 유지
③ 현장처치의 원활화로 의료비 절감
④ 위급한 부상 부위의 응급처치로 치료기간을 연장

해설
응급처치의 중요성
- 긴급한 환자의 생명 유지
- 환자의 고통 경감
- 위급한 부상 부위의 응급처치로 치료기간 단축
- 현장처치의 원활화로 의료비 절감

| 정답 | ④

47 방수압력 측정에 대한 설명으로 적절하지 않은 것은?

① 방사형 관창을 이용하여 측정한다.
② 피토게이지는 노즐 선단에 근접하여 측정한다.
③ 피토게이지는 봉상주수 상태에서 수직으로 측정해야 한다.
④ 초기 방수 시 물속에 존재하는 이물질이 완전히 배출된 후에 측정해야 한다.

해설
옥내소화전설비의 방수압력 측정 시 주의사항
- 초기 방수 시 물속에 이물질이나 공기가 완전히 배출된 후 측정
- 반드시 직사형 관창을 이용하여 측정
- 피토게이지는 봉상주수(막대모양 분사) 상태에서 직각으로 측정
- 방수압력 측정 시 정상압력 : 0.17MPa 이상 0.7MPa 이하

| 정답 | ①

48 다음 그림을 보고 수신기에 대한 설명으로 옳은 것은?

① 스위치주의 표시등이 점등되어 있으므로 119에 신속히 신고한다.
② 스위치주의 표시등이 점등되어 있으므로 화재 위치를 확인하여 조치한다.
③ 스위치주의 표시등이 점등되어 있으므로 스위치 상태를 확인하여 정상위치에 놓는다.
④ 스위치주의 표시등이 점등되어 있으므로 예비전원 상태를 확인한다.

해설
스위치주의 표시등이 점등되어 있으므로 주경종, 지구경종을 정상위치로 복구하고, 119에 신고할 필요는 없다.

| 정답 | ③

49 다음은 준비작동식 스프링클러설비의 작동순서를 나타낸 것이다. 작동순서가 옳게 나열된 것은?

> ㉠ 화재 발생
> ㉡ 감지기 A and B 감지기 작동 또는 수동기동장치(SVP) 작동
> ㉢ 준비작동식 유수검지장치 작동
> ㉣ 교차회로 방식의 A or B 감지기 작동(경종 또는 사이렌 경보, 화재표시등 점등)
> ㉤ 배관 내 압력 저하로 기동용 수압개폐장치의 압력스위치 작동 → 펌프 기동
> ㉥ 2차 측으로 급수
> ㉦ 헤드 개방, 방수

① ㉠ → ㉣ → ㉡ → ㉢ → ㉥ → ㉦ → ㉤
② ㉠ → ㉣ → ㉥ → ㉤ → ㉡ → ㉢ → ㉦
③ ㉠ → ㉡ → ㉢ → ㉥ → ㉣ → ㉦ → ㉤
④ ㉠ → ㉡ → ㉢ → ㉥ → ㉣ → ㉤ → ㉦

해설

준비작동식 스프링클러설비의 작동순서
- 화재 발생
- 교차회로 방식의 A or B 감지기 작동(경종 또는 사이렌 경보, 화재표시등 점등)
- 감지기 A and B 감지기 작동 또는 수동기동장치(SVP) 작동
- 준비작동식 유수검지장치 작동
- 2차 측으로 급수
- 헤드 개방, 방수
- 배관 내 압력 저하로 기동용 수압개폐장치의 압력스위치 작동 → 펌프 기동

| 정답 | ①

50 소방안전관리자로 근무하고 있는 소방 김씨는 근무 중 수신기에서 다음과 같은 현상이 발생하여 4층에 올라가 점검하였고, 그 결과 학생들이 장난으로 발신기를 누른 것으로 확인되었다. 이에 따른 조치사항으로 적절한 것은?

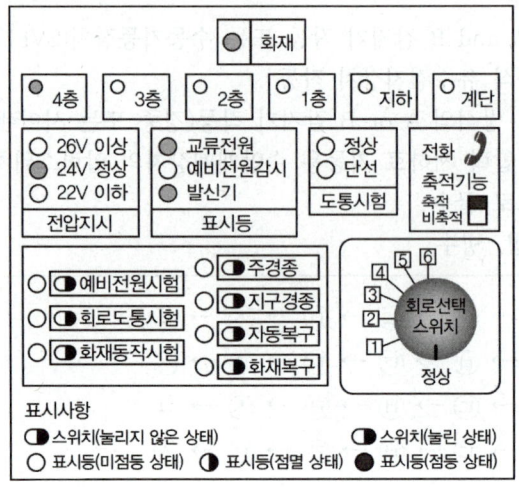

① 자동복구스위치를 누른다.
② 회선별로 회로도통시험을 하고 복구 버튼을 누른다.
③ 주경종과 지구경종의 소리를 끄고 복구 버튼을 누른다.
④ 4층에 눌린 발신기의 누름 버튼을 복구하고 수신반에서도 복구 버튼을 누른다.

[해설]
4층에 눌린 발신기의 누름 버튼을 복구하고 수신반에서도 복구 버튼을 누른다.

[꼼꼼 문제분석]
발신기의 누름 버튼이 눌렸을 경우(오작동 시)
• 현장 발신기에서 먼저 눌림 상태를 복구시킴
• 수신기에서 복구 버튼을 눌러 신호를 해제
• 절차 : 현장 발신기 복구 → 수신기 복구

|정답| ④

2020년 기출복원문제

01 다음 중 가연성 물질의 구비조건으로 옳지 않은 것은?

① 활성화에너지 값이 커야 한다.
② 열의 축적이 쉽도록 열전도도가 작아야 한다.
③ 산소와 접촉할 수 있는 표면적이 큰 물질이어야 한다.
④ 일반적으로 산화되기 쉬운 물질로서 산소와 결합할 때 발열량이 많아야 한다.

해설
활성화에너지란 화학반응이 시작되기 위해 필요한 최소 에너지를 말한다. 낮은 활성화에너지는 물질이 적은 에너지로도 반응이 시작될 수 있음을 의미하며, 이는 물질이 더 쉽게 연소할 수 있도록 한다. 따라서 활성화에너지 값은 작아야 한다.

|정답| ①

02 소방기본법상 100만원 이하의 과태료에 해당하는 것은?

① 소방활동구역을 출입한 사람
② 소방자동차의 출동에 지장을 준 자
③ 한국소방안전원 또는 이와 유사한 명칭을 사용한 자
④ 소방자동차 전용구역에 주차하거나 전용구역의 진입을 가로막는 등의 방해행위를 한 자

해설
- 소방자동차 전용구역에 차를 주차하거나 전용구역에의 진입을 가로막는 등의 방해행위를 한 자 : 100만원 이하의 과태료
- 소방활동구역을 출입한 사람 : 200만원 이하의 과태료
- 소방자동차의 출동에 지장을 준 자 : 200만원 이하의 과태료
- 한국소방안전원 또는 이와 유사한 명칭을 사용한 자 : 200만원 이하의 과태료

|정답| ④

03 다음 중 바이메탈, 감열판 및 접점 등으로 구성된 감지기로 옳은 것은?

① 차동식 스포트형
② 정온식 스포트형
③ 차동식 분포형
④ 정온식 감지선형

해설
정온식 스포트형 감지기 구조는 바이메탈, 감열판 및 접점 등으로 구분된다.

| 정답 | ②

04 다음은 피토게이지를 이용해 옥내소화전의 방수압력을 점검하는 상황이다. 정상적인 측정값[MPa]에 해당하는 것은?

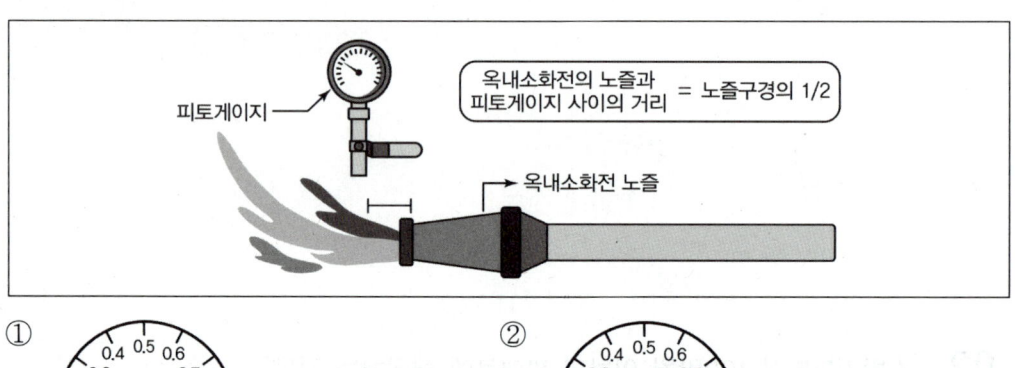

① 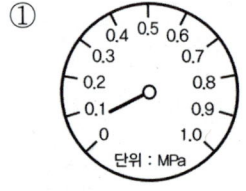   ②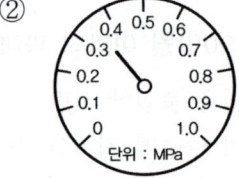

③ 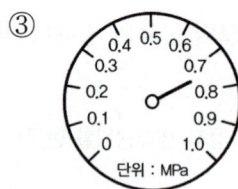   ④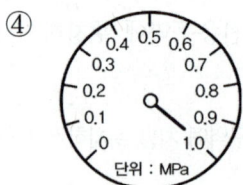

해설
옥내소화전설비의 방수압력 측정 시 정상압력은 0.17MPa 이상 0.7MPa 이하이다.

| 정답 | ②

05 화재안전조사의 방법과 절차에 대한 설명 중 틀린 것은?

① 조사계획은 7일 이상 공개해야 한다.
② 화재안전조사는 소방관서장이 실시한다.
③ 화재안전조사의 방법에는 특별조사와 종합조사가 있다.
④ 사전통지 없이 조사를 실시할 경우 조사사유와 조사범위를 현장에서 설명해야 한다.

해설

화재안전조사의 방법과 절차

- 소방관서장은 화재안전조사를 실시하려는 경우 조사대상, 조사기간 및 조사사유 등 조사계획을 소방청, 소방본부 또는 소방서의 인터넷 홈페이지나 전산시스템을 통해 7일 이상 공개해야 한다.
- 소방관서장은 화재안전조사의 목적에 따라 다음의 어느 하나에 해당하는 방법으로 화재안전조사를 실시할 수 있다.

종합조사	화재안전조사 항목 전부를 확인하는 조사
부분조사	화재안전조사 항목 중 일부를 확인하는 조사

- 소방관서장은 사전통지 없이 화재안전조사를 실시하는 경우에는 화재안전조사를 실시하기 전에 관계인에게 조사사유 및 조사범위 등을 현장에서 설명해야 한다.

| 정답 | ③

06 다음에서 설명하는 소방안전관리자는?

- 소방설비기사 또는 소방설비산업기사 자격이 있는 자로 해당 건물의 소방안전관리자로 선임되어 있다.
- 소방공무원으로 10년간 근무한 경력이 있는 자로 해당 안전관리자 자격증을 받은 사람이다.

① 특급 소방안전관리자 ② 1급 소방안전관리자
③ 2급 소방안전관리자 ④ 3급 소방안전관리자

해설

1급 소방안전관리대상물에 선임해야 하는 소방안전관리자의 자격

- 소방설비기사 또는 소방설비산업기사의 자격이 있는 사람
- 소방공무원으로 7년 이상 근무한 경력이 있는 사람
- 소방청장이 실시하는 1급 소방안전관리대상물의 소방안전관리에 관한 시험에 합격한 사람
※ 특급 소방안전관리자의 선임자격 : 소방공무원으로 20년 이상 근무한 경력이 있는 사람

| 정답 | ②

07 다음은 무엇에 대한 설명인가?

- 무색·무취·무미의 가스로, 상온에서 염소와 작용하면 유독성의 포스겐을 생성한다.
- 인체 내의 헤모글로빈과 결합하여 산소의 운반기능을 약화시켜 질식하게 한다.

① 일산화탄소 ② 이산화탄소
③ 암모니아   ④ 사이안화수소

해설

일산화탄소(CO)
- 무색·무취·무미의 환원성이 강한 가스로, 상온에서 염소와 작용하면 유독성의 포스겐을 생성한다.
- 인체 내의 헤모글로빈과 결합하여 산소의 운반기능을 약화시켜 질식하게 한다.

|정답| ①

08 다음 중 방염성능기준 이상의 실내장식물 등을 설치해야 하는 장소로 옳은 것을 모두 고른 것은?

㉠ 수영장	㉡ 노유자 시설
㉢ 숙박시설	㉣ 옥외집회시설
㉤ 다중이용업소	㉥ 11층 이상 아파트

① ㉠, ㉡, ㉢ ② ㉡, ㉢, ㉣
③ ㉢, ㉣, ㉥ ④ ㉡, ㉢, ㉤

해설

방염성능기준 이상의 실내장식물 등을 설치해야 하는 특정소방대상물
- 근린생활시설 중 의원, 치과의원, 한의원, 조산원, 산후조리원, 체력단련장, 공연장 및 종교집회장
- 건축물의 옥내에 있는 시설 중 문화 및 집회시설, 종교시설, 운동시설(수영장 제외)
- 의료시설, 교육연구시설 중 합숙소
- 노유자 시설, 숙박이 가능한 수련시설, 숙박시설
- 방송통신시설 중 방송국 및 촬영소
- 다중이용업소
- 위의 시설에 해당하지 않는 것으로서 11층 이상인 것(아파트 등은 제외)

|정답| ④

09 종합점검 대상인 특정소방대상물의 작동점검을 실시하고자 한다. 이 경우 종합점검을 받은 달부터 몇 개월이 되는 달에 실시해야 하는가?

① 1개월
② 3개월
③ 6개월
④ 12개월

해설
종합점검 대상인 특정소방대상물의 작동점검은 종합점검을 받은 달부터 6개월이 되는 달에 실시해야 한다.

| 정답 | ③

10 다음 중 ( ) 안에 들어갈 말로 알맞은 것은?

> 위험물이란 ( ) 등의 성질을 가지는 것으로 대통령령이 정하는 물품이다.

① 발화성 또는 점화성
② 위험성 또는 인화성
③ 인화성 또는 발화성
④ 인화성 또는 점화성

해설
위험물이란 인화성 또는 발화성 등의 성질을 가지는 것으로 대통령령이 정하는 물품을 말한다.

| 정답 | ③

11 다음 중 가스용접에 대한 설명으로 옳지 않은 것은?

① 산소 – 아세틸렌은 용이한 화염조절 및 높은 화염온도로 일반적으로 사용된다.
② 산소와 가연성 가스와의 반응으로 생기는 가스 연소열을 열원으로 사용하는 방식이다.
③ 화염은 팁 끝 쪽에는 휘백색 백심이, 백심 주위로는 푸른 속불꽃과 투명한 청색의 겉불꽃 형태를 띤다.
④ 청백색의 강한 빛과 열을 내며, 온도가 가장 높은 부분의 최고온도는 약 6,000℃에 이른다.

해설
청백색의 강한 빛과 열을 내며, 온도가 가장 높은 부분의 최고온도가 약 6,000℃에 이르는 것은 아크용접이다.

| 정답 | ④

12 소방대상물의 관계인이 아닌 것은?

① 소유자　　　　　　　　② 관리자
③ 감독자　　　　　　　　④ 점유자

해설
소방대상물의 관계인은 소방대상물의 소유자, 관리자 또는 점유자를 말한다.

| 정답 | ③

13 다음 중 피난시설, 방화구획 및 방화시설 관련 금지행위에 해당하지 않는 것은?

① 방화문에 잠금장치를 하여 폐쇄하는 행위
② 방화문에 고임장치(도어스톱)를 설치하는 행위
③ 비상구에 물건을 쌓아두는 행위
④ 방화문을 닫아 놓은 상태로 관리하는 행위

해설
피난시설, 방화구획 및 방화시설 관련 금지 행위
- 피난시설, 방화구획 및 방화시설 관련 폐쇄행위 → 방화문에 잠금장치를 하여 폐쇄하는 행위
- 피난시설, 방화구획 및 방화시설의 훼손행위 → 방화문을 철거(제거)하는 행위나 방화문에 고임장치(도어스톱) 등 설치 또는 자동폐쇄 장치를 제거하여 그 기능을 저해하는 행위
- 피난시설, 방화구획 및 방화시설의 변경행위
- 피난시설, 방화구획 및 방화시설의 주위에 물건적치 또는 장애물 설치행위

| 정답 | ④

14 다음 중 가연성 가스의 연소범위가 가장 넓은 것은?

① 중유　　　　　　　　　② 등유
③ 암모니아　　　　　　　④ 아세틸렌

해설
가연성 가스의 연소범위
- 중유 : 1~5vol%
- 등유 : 0.7~5.0vol%
- 암모니아 : 15~28vol%
- 아세틸렌 : 2.5~81vol%

| 정답 | ④

15 다음 중 화재의 분류로 옳지 않은 것은?

① 일반화재 - A급 ② 유류화재 - B급
③ 전기화재 - C급 ④ 금속화재 - K급

해설
금속화재는 D급, 주방화재는 K급이다.

꼼꼼 문제분석
화재의 분류

급수	명칭(화재)	물질	소화방법
A	일반	목재, 섬유 등	냉각소화
B	유류	유류, 가스 등	질식·냉각소화
C	전기	낙뢰, 합선 등	이산화탄소, 분말소화약제
D	금속	알루미늄, 나트륨, 칼륨 등	금속화재용 분말소화약제, 마른모래(건조사)
K	주방	동·식물유 취급하는 조리기구	비누화작용 및 냉각작용 동시에 필요

|정답| ④

16 바닥면적 500m²의 근린생활시설에는 ABC급 분말소화기를 몇 단위로 비치해야 하는가? (단, 이 건물은 스프링클러가 설치되어 있다)

① 1단위 ② 5단위
③ 10단위 ④ 15단위

해설
- 특정소방대상물별 소화기구의 능력단위 기준

특정소방대상물	소화기구의 능력단위
근린생활시설·판매시설·운수시설·숙박시설·노유자 시설·전시장·공동주택·업무시설·방송통신시설·공장·창고시설·항공기 및 자동차 관련 시설 및 관광휴게시설	해당 용도의 바닥면적 100m²마다 능력단위 1단위 이상

- 근린생활시설에 비치하는 소화기구의 능력단위는 바닥면적 100m²마다 1단위 이상으로 한다.

∴ 능력단위 = $\dfrac{500m^2}{100m^2}$ = 5단위

|정답| ②

17 다음 중 제거소화 방법으로 적절한 것은?

① 소화기로 불을 끈다.
② 물을 부어 불을 끈다.
③ 물에 젖은 담요를 덮어 불을 끈다.
④ 산불 발생 시 나무를 베어 더 이상 불이 번지지 못하게 한다.

해설
제거소화는 가연물질을 화재장소로부터 안전한 장소로 이동 또는 제거하는 소화방법을 말한다. 예시로는 가연성 가스화재 시 가스밸브를 차단하거나 전기화재 시 전기를 차단하는 것 등이다.

| 정답 | ④

18 제조소등의 관계인은 위험물안전관리자를 해임한 날로부터 며칠 이내에 다시 안전관리자를 선임하여야 하는가?

① 14일　　② 20일　　③ 30일　　④ 60일

해설
위험물안전관리자를 선임한 제조소등의 관계인은 그 안전관리자를 해임하거나 안전관리자가 퇴직한 때에는 해임하거나 퇴직한 날로부터 30일 이내에 다시 안전관리자를 선임하여야 한다.

| 정답 | ③

19 1급 소방안전관리대상물의 소방안전관리자로 선임될 수 없는 사람은? (단, 해당 소방안전관리자 자격증을 받은 경우이다)

① 소방설비기사
② 소방설비산업기사
③ 소방공무원으로 7년간 근무한 경력이 있는 사람
④ 위험물기능장

해설
1급 소방안전관리대상물

선임자격	• 소방설비기사 또는 소방설비산업기사의 자격이 있는 사람 • 소방공무원으로 7년 이상 근무한 경력이 있는 사람 • 소방청장이 실시하는 1급 소방안전관리대상물의 소방안전관리에 관한 시험에 합격한 사람

| 정답 | ④

20 다음 중 전기화재 예방법으로 적절하지 않은 것은?

① 전선은 풀리지 않도록 잘 묶어 놓는다.
② 누전차단기를 설치하고 월 1~2회 동작 여부를 확인한다.
③ 한 개의 콘센트에 여러 개의 전기기구를 꽂아 사용하지 않는다.
④ 가전제품 내부에 먼지나 습기는 전기합선의 원인이 되므로 주기적으로 청소한다.

해설
전선을 너무 꽉 묶거나 구부릴 경우, 전선 내부의 도체가 손상되거나 절연체가 파손되어 단락이 발생할 수 있다. 따라서 전선을 잘 묶어 놓는 것보다는 적절하게 정리하고 손상되지 않도록 주의하는 것이 더 안전한 전기 사용법이다.

| 정답 | ①

21 옥외소화전은 소방대상물의 각 부분으로부터 호스접결구까지 수평거리가 몇 m 이하가 되도록 설치해야 하는가?

① 20m 이하
② 25m 이하
③ 40m 이하
④ 65m 이하

해설
옥외소화전의 호스접결구는 지면으로부터 높이가 0.5m 이상 1m 이하의 위치에 설치하고 특정소방대상물의 각 부분으로부터 하나의 호스접결구까지의 수평거리가 40m 이하가 되도록 설치해야 한다.

| 정답 | ③

22 옥내소화전설비 중 체절운전 시 릴리프밸브를 통해 과압을 방출하여 수온상승을 방지하기 위해 설치하는 것은?

① 개폐밸브
② 체크밸브
③ 순환배관
④ 성능시험배관

해설
순환배관
펌프의 체절운전 시 수온이 상승하여 펌프에 무리가 발생하므로 순환배관상의 릴리프밸브를 통해 과압을 방출하여 수온상승을 방지하기 위해 설치한다.

| 정답 | ③

23 다음은 준비작동식 스프링클러설비가 설치되어 있는 감시제어반이다. 다음 그림과 같이 감시제어반에서 충압펌프를 수동기동한 경우의 결과로 옳은 것은?

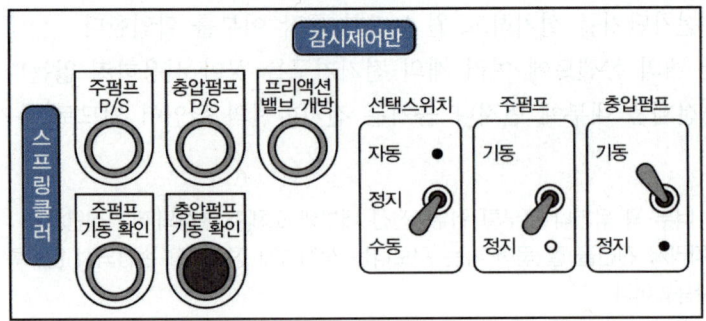

① 스프링클러헤드는 개방되었다.
② 현재 충압펌프는 자동으로 작동하고 있는 중이다.
③ 프리액션밸브는 개방되었다.
④ 주펌프는 기동하지 않는다.

| 해설 |

주펌프는 정지에 위치하고 있으므로 기동하지 않는다.

| 정답 | ④

24 다음 중 소방시설의 종류가 아닌 것은?

① 소화설비　　　　　　　　② 경보설비
③ 방화설비　　　　　　　　④ 피난구조설비

| 해설 |
소방시설의 종류

소화설비	경보설비	피난구조설비	소화용수설비	소화활동설비
• 소화기구 • 자동소화장치 • 옥내소화전설비 • 스프링클러설비등 • 물분무등소화설비 • 옥외소화전설비	• 단독경보형 감지기 • 비상경보설비 • 자동화재탐지설비 • 시각경보기 • 화재알림설비 • 비상방송설비 • 자동화재속보설비 • 통합감시시설 • 누전경보기 • 가스누설경보기	• 피난기구 • 인명구조기구 • 유도등 • 비상조명등 및 휴대용 비상조명등	• 상수도소화용수설비 • 소화수조·저수조, 그 밖의 소화용수설비	• 제연설비 • 연결송수관설비 • 연결살수설비 • 비상콘센트설비 • 무선통신보조설비 • 연소방지설비

| 정답 | ③

25 P형 수신기의 예비전원시험(전압계 방식)을 하기 위해 예비전원 버튼을 눌렀을 때 전압계가 다음과 같이 지시하였다. 다음 중 옳은 것은?

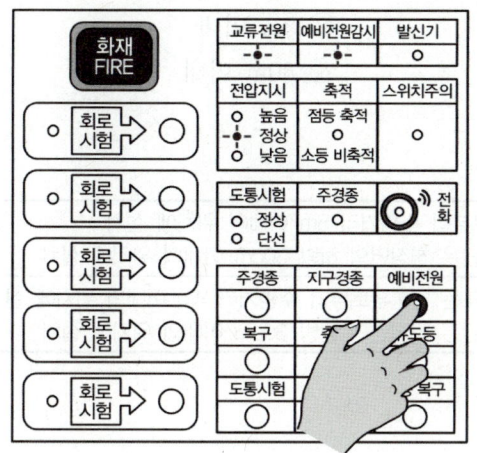
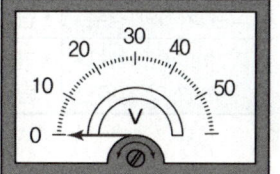

① 예비전원이 정상이다.
② 예비전원이 불량이다.
③ 교류전원을 점검하여야 한다.
④ 예비전원 전압이 과도하게 높다.

해설
예비전원시험스위치를 눌렀을 때 전압계인 경우 전압범위가 약 19~29[V]이면 정상이다. 그림에서 전압계가 0[V]를 지시하고 있으므로 예비전원은 불량이다.

|정답| ②

26 다음에서 설명하는 소화설비의 종류는?

> 건물 내에 화재발생 시 해당 소방대상물의 관계자 또는 자체소방대원이 이를 사용하여 발화 초기에 신속하게 진화할 수 있도록 건물 내에 설치하는 소화설비이다.

① 옥내소화전설비　　　② 옥외소화전설비
③ 스프링클러설비　　　④ 물분무등소화설비

해설
옥내소화전설비
건축물 내에 설치하는 소방시설로, 건축물 내에서 화재발생 시 관계자 또는 소방대원이 호스 및 노즐을 통해 방사되는 물을 이용해 소화하는 수계 소화설비이다.

|정답| ①

27
가스누설경보기는 탐지대상 가스의 증기비중이 1보다 작을 때 가스연소기로부터 수평거리 몇 m 이내에 설치해야 하는가?

① 4m 이내
② 8m 이내
③ 15m 이내
④ 30m 이내

해설

가스누설경보기의 설치위치

증기비중이 1보다 작은 가스의 경우	• 가스연소기로부터 수평거리 8m 이내의 위치에 설치 • 탐지기의 하단은 천장면의 하방 30cm 이내의 위치에 설치
증기비중이 1보다 큰 가스의 경우	• 가스연소기 또는 관통부로부터 수평거리 4m 이내의 위치에 설치 • 탐지기의 상단은 바닥면의 상방 30cm 이내의 위치에 설치

|정답| ②

28
옥내소화전 방수압력 측정에 필요한 장비로 옳은 것은?

①
②
③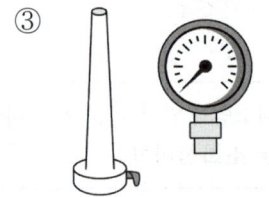
④

해설

옥내소화전 방수압력 측정 시 직사형 관창과 방수압력 측정계(피토게이지)가 필요하다.

꼼꼼 문제분석

옥내소화전설비의 방수압력 측정
방수구에 호스를 결속한 상태로 노즐의 선단에 방수압력 측정계(피토게이지)를 근접(D/2)시켜서 측정하여 방수압력 측정계(피토게이지)의 압력계상의 눈금을 확인한다.

|정답| ①

29 다음 그림은 옥내소화전설비의 동력제어반과 감시제어반을 나타낸 것이다. 이에 대한 설명으로 옳지 않은 것은?

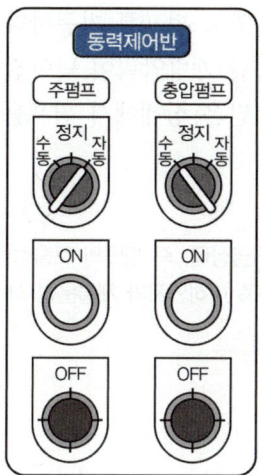
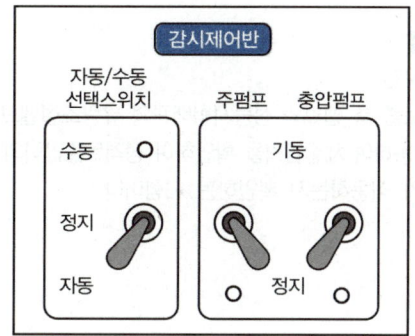

① 감시제어반은 정상상태로 유지·관리되고 있다.
② 동력제어반에서 주펌프 ON 버튼을 누르면 주펌프는 기동하지 않는다.
③ 감시제어반에서 주펌프스위치를 기동 위치로 올리면 주펌프는 기동한다.
④ 동력제어반에서 충압펌프를 자동 위치로 돌리면 모든 제어반은 정상상태가 된다.

해설
감시제어반의 스위치와 표시등
• 평상시에 펌프는 정지상태로 '자동(연동)'에 있어야 한다.
• 시험점검을 위한 수동 조작 시에는 자동/수동 절환스위치를 '수동' 위치에, 주펌프 또는 충압펌프는 '기동' 버튼을 눌러야 한다.
→ 감시제어반에서 선택스위치를 수동으로 올리고, 주펌프스위치를 기동으로 올려 주어야 주펌프가 기동한다.

| 정답 | ③

30 다음에서 설명하는 지혈법은 무엇인가?

> 출혈 상처 부위를 직접 압박하는 방법으로 소독거즈로 출혈 부위를 덮은 후 4~6in 압박붕대로 압박되게 감아준다. 압박 후 출혈이 계속되면 소독된 거즈를 추가로 덮고 압박붕대를 한 번 더 감고 출혈 부위를 심장보다 높여줌으로써 출혈량을 감소시킬 수 있다.

① 직접압박법
② 간접압박법
③ 지혈대 사용법
④ 간헐적 압박법

해설
출혈 상처 부위를 직접 압박하는 직접압박법에 대한 설명이다.

| 정답 | ①

31 펌프성능을 판단하는 체절운전에 대한 설명으로 옳지 않은 것은?

① 펌프 기동 시 토출량은 정격유량의 140% 미만이다.
② 순환배관에 설치된 릴리프밸브의 뚜껑을 열고 펌프를 가동한다.
③ 릴리프밸브의 나사를 반시계 방향으로 풀면 개방압력이 낮아진다.
④ 펌프 2차 측 개폐밸브와 유량조절밸브를 닫은 상태에서 펌프를 기동한다.

해설
체절운전
펌프토출 측 밸브와 성능시험배관의 유량조절밸브를 잠금상태, 즉 펌프의 토출량을 "0"인 상태로 하여 펌프를 기동하여 체절압력을 확인하여 정격토출압력의 140% 이하인지와 체절운전 시 체절압력 미만에서 릴리프밸브가 작동하는지 확인하는 시험이다.

| 정답 | ①

32 어느 소방안전관리자는 한 건물에 자동화재탐지설비를 점검한 후 작동점검표에 점검결과를 다음과 같이 작성하였다. 점검항목에 '조작스위치가 정상위치에 있는지 여부'는 어떤 것을 확인하여야 알 수 있었겠는가?

자동화재탐지설비
(양호 ○, 불량 ×, 해당없음 /)

구분	점검번호	점검항목	점검결과
수신기	15-B-002	조작스위치가 정상위치에 있는지 여부	○
	15-B-006	수신기 음향기구의 음량, 음색 구별 가능 여부	○
감지기	15-D-009	감지기 변형, 손상 확인 및 작동시험 적합 여부	○
전원	15-H-002	예비전원 성능 적정 및 상용전원 차단 시 예비전원 자동전환 여부	×
배선	15-I-003	수신기 도통시험회로 정상 여부	○

① 회로단선 여부 확인
② 예비전원 및 예비전원감시등 확인
③ 교류전원감시등 확인
④ 스위치주의등 확인

해설
조작스위치가 정상위치에 있는지 여부는 스위치주의등을 확인한다.

| 정답 | ④

33 다음 중 스프링클러헤드의 구성요소가 아닌 것은?

① 감열체 ② 프레임
③ 디플렉터 ④ 가지배관

해설
스프링클러헤드의 구조
- 프레임
- 반사판(디플렉터)
- 감열체

| 정답 | ④

34 다음 소화기 점검 후 아래 점검결과표의 작성으로 가장 적합한 것은?

소화기 점검사항

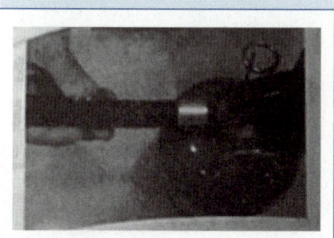  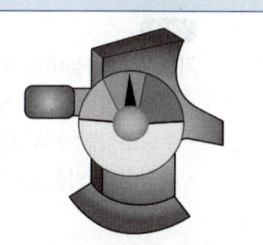

번호	점검항목	점검결과
1-A-006	소화기의 변형손상 또는 부식 등 외관의 이상 여부	㉠
1-A-007	지시압력계(녹색범위)의 적정 여부	㉡

설비명	점검항목	불량내용
소화설비	1-A-007	㉢
	1-A-008	

① ㉠ ○, ㉡ ×, ㉢ 약제량 부족
② ㉠ ○, ㉡ ×, ㉢ 외관 부식, 호스 파손
③ ㉠ ×, ㉡ ○, ㉢ 외관 부식, 호스 파손
④ ㉠ ×, ㉡ ○, ㉢ 약제량 부족

해설
㉠ 호스가 파손되었고 소화기가 부식되어 있으므로 외관의 이상이 있다(×).
㉡ 지시압력계가 녹색범위를 가리키고 있으므로 적정 범위이다(○).
㉢ 불량내용은 외관 부식과 호스 파손이다.

| 정답 | ③

35 다음 그림과 같이 가스계 소화설비 기동용기함의 압력스위치 작동시험을 하였을 때 확인해야 할 사항으로 옳지 않은 것은?

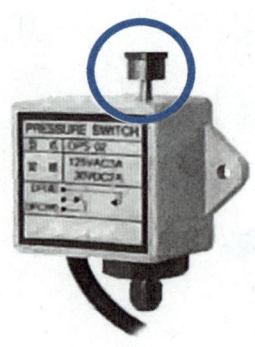

① 제어반의 방출표시등
② 솔레노이드밸브 작동(격발)
③ 출입문 상단에 설치된 방출표시등 점등
④ 수동조작함(수동기동장치)의 방출등 점등

해설
가스계 소화설비의 방출표시등 작동 확인사항
- 방호구역 출입문 상단에 설치된 방출표시등의 점등 여부
- 수동조작함(수동기동장치) 방출등(적색) 점등 여부
- 제어반의 방출표시등

|정답| ②

36 30층 미만인 어느 건물에 옥내소화전을 1층에 6개, 2층에 4개, 3층에 4개를 설치 시 소방대상물의 최소 수원의 양은?

① $2.6m^3$ ② $5.2m^3$ ③ $10.8m^3$ ④ $13m^3$

해설
옥내소화전설비 수원의 수량
옥내소화전의 설치개수가 가장 많은 층의 설치개수 N(2개 이상 설치된 경우 2개, 고층건축물의 경우 최대 5개)에 $2.6m^3$(130L/min × 20min)를 곱한 양 이상
- 30 ~ 49층 : N × $5.2m^3$(130L/min × 40min) 이상(N 최대 개수 5개)
- 50층 이상 : N × $7.8m^3$(130L/min × 60min) 이상(N 최대 개수 5개)
 (고층건축물 : 층수가 30층 이상이거나 높이가 120m 이상인 건축물)
∴ Q = 2.6N = 2.6 × 2 = $5.2m^3$

|정답| ②

37
다음 그림은 옥내소화전 감시제어반 중 펌프제어를 위한 스위치의 예시를 나타낸 것이다. 평상시 및 펌프점검 시 스위치 위치에 대한 설명으로 옳은 것을 모두 고른 것은?

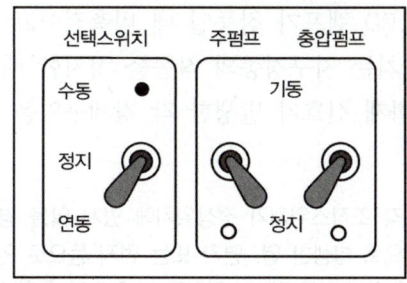

㉠ 평상시 펌프 선택스위치는 '수동' 위치에 있어야 한다.
㉡ 평상시 주펌프 스위치는 '기동' 위치에 있어야 한다.
㉢ 펌프 수동기동 시 펌프 선택스위치는 '수동'에 있어야 한다.

① ㉠　　　　　　　　　　② ㉢
③ ㉠, ㉡　　　　　　　　④ ㉠, ㉡, ㉢

해설

감시제어반의 스위치와 표시등
- 평상시에 펌프는 정지상태로 '자동(연동)'에 있어야 한다.
- 시험점검을 위한 수동 조작 시에는 자동/수동 절환스위치를 '수동' 위치에, 주펌프 또는 충압펌프는 '기동' 버튼을 눌러야 한다.
  → ㉠ : 연동, ㉡ : 정지

|정답| ②

38
다음 중 ( ) 안에 들어갈 내용으로 알맞은 것은?

> 자동화재탐지설비의 1회선(로)이 화재의 발생을 유효하고 효율적으로 감지할 수 있도록 적당한 범위를 정한 구역을 ( )이라 한다.

① 지정구역　　　　　　② 수신구역
③ 발신구역　　　　　　④ 경계구역

해설

경계구역이란 자동화재탐지설비의 1회선(회로)이 화재의 발생을 유효하고 효율적으로 감지할 수 있도록 적당한 범위를 정한 구역을 말한다.

|정답| ④

39 수신기의 스위치별 기능에 대한 설명으로 옳은 것은?

① 스위치주의표시등은 정상위치에 있지 않을 때 소등된다.
② 축적스위치의 LED 램프가 점등일 때 비축적이고, 소등일 때 축적 상태이다.
③ 주경종정지스위치는 지구경종의 작동을 정지할 때 사용하는 스위치다.
④ 지구표시등은 화재 신호가 발생한 각 경계구역을 나타내는 표시등이다.

해설
- 스위치주의표시등은 각 조작스위치가 정상위치에 있지 않을 경우 점멸, 점등을 반복한다.
- 축적스위치는 일시적으로 발생한 열, 연기 또는 먼지 등으로 인하여 감지기가 화재신호를 발신할 우려가 있는 경우에 대비하기 위해 사용되는 스위치로, 수신기가 축적 상태인 경우 수신기의 지구표시등과 주음향장치를 작동시킬 수 있다.
- 주경종정지스위치는 수신기 옆 또는 내부에 있는 주경종을 정지할 때 사용한다.

|정답| ④

40 다음 그림은 축압식 분말소화기 지시압력계이다. 이에 대한 설명으로 옳은 것은?

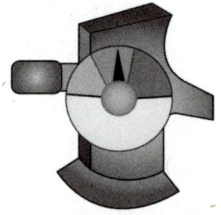

① 압력이 부족한 상태이다.
② 압력이 0.7MPa을 가리키게 되면 소화기를 교체하여야 한다.
③ 지시압력이 0.7~0.98MPa에 위치하고 있으므로 정상이다.
④ 소화약제를 정상적으로 방출하기 어려울 것으로 보인다.

해설
축압식 분말소화기의 지시압력계

노란색(황색)	녹색	적색
압력 부족	압력 정상	압력 높음

지시압력계에 사용가능한 범위 표시는 녹색이고, 압력 범위는 0.7~0.98MPa이다.

|정답| ③

41 피난구 또는 피난경로로 사용되는 출입구를 표시하여 피난을 유도하는 유도등을 무엇이라고 하는가?

① 객석유도등
② 피난구유도등
③ 복도통로유도등
④ 거실통로유도등

해설
피난구유도등은 피난구 또는 피난경로로 사용되는 출입구를 표시하여 피난을 유도하는 등으로, 피난구의 바닥으로부터 높이 1.5m 이상으로서 출입구에 인접하도록 설치해야 한다.

| 정답 | ②

42 유도등 설치 및 점검에 대한 설명으로 적절하지 않은 것은?

① 전기회로에 점멸기를 설치하지 않고 항상 점등상태(2선식)를 유지한다.
② 특정소방대상물에 사람이 없는 경우 3선식으로 배선공사가 가능하다.
③ 2선식 유도등은 평상시에는 점등되지 않는다.
④ 통로유도등의 설치간격은 20m 이하이다.

해설
- 2선식 유도등은 평상시에 상시 점등되어 있어야 하며, 정전 시에도 점등을 유지할 수 있게 되어 있다.
- 유도등 점검 시 전기회로에 점멸기를 설치하지 않고 항상 점등상태(2선식)를 유지하여야 한다. 다만, 특정소방대상물에 사람이 없는 경우 3선식으로 배선공사가 가능하다.

| 정답 | ③

43 객석통로의 직선 부분 길이가 15m일 때, 객석유도등의 최소 설치개수는?

① 1개 ② 2개 ③ 3개 ④ 4개

해설
객석유도등 설치 개수 = $\dfrac{\text{객석통로의 직선 부분 길이(m)}}{4} - 1$

$= \dfrac{15m}{4} - 1 = 2.75 = 3$개(소수점 올림)

| 정답 | ③

44 노유자 시설의 4층에 피난기구를 설치하고자 할 때 설치장소별 피난기구로 적응성이 없는 것은?

① 피난교
② 미끄럼대
③ 승강식 피난기
④ 다수인 피난장비

해설
노유자 시설 피난기구의 적응성

1층	2층	3층	4층 이상 10층 이하
• 미끄럼대 • 구조대 • 피난교 • 다수인 피난장비 • 승강식 피난기	• 미끄럼대 • 구조대 • 피난교 • 다수인 피난장비 • 승강식 피난기	• 미끄럼대 • 구조대 • 피난교 • 다수인 피난장비 • 승강식 피난기	• 구조대 • 피난교 • 다수인 피난장비 • 승강식 피난기

| 정답 | ②

45 다음 그림과 같이 감지기 점검 시 점등되는 표시등으로 옳은 것은?

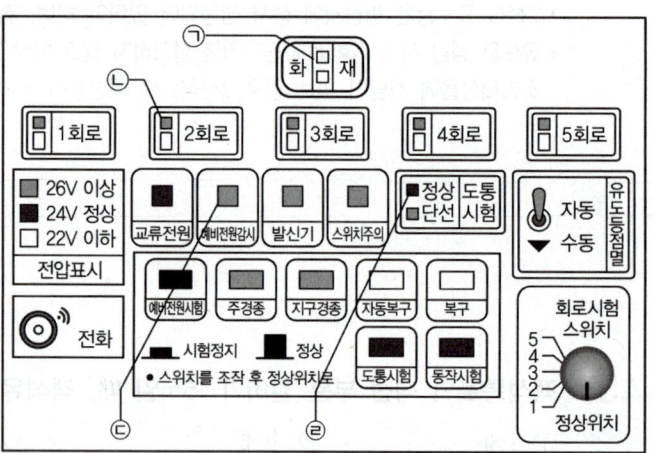

① ㉠, ㉡
② ㉡, ㉢
③ ㉡, ㉣
④ ㉠, ㉡, ㉢, ㉣

해설
감지기 동작시험을 통해 2층 감지기가 동작되면 화재표시등(㉠), 2층 지구표시등(㉡)이 점등된다.

| 정답 | ①

46 다음은 자위소방대의 조직 편성기준에 대한 설명이다. 기준에 적합한 자위소방대의 유형은?

- 2급 소방안전관리대상물이다.
- 자동화재탐지설비가 설치되어 있다.
- 8명의 현장대응팀으로 구성되어 있다.

① Type Ⅰ ② Type Ⅱ
③ Type Ⅲ ④ Type Ⅳ

해설
자위소방대의 조직 편성기준

구분	편성대상	편성기준	
TYPE Ⅲ	2급, 3급 * 상시 근무인원 50명 이상의 경우 TYPE Ⅱ 참고 및 적용	지휘통제	지휘통제팀
		현장대응	• (10인 미만) 현장대응팀 * 개별 팀 구분 없음 • (10인 이상) 비상연락팀, 초기소화팀, 피난유도팀 * 필요시 팀 가감 편성

|정답| ③

---

47 소방계획의 수립 절차는 4단계로 구성되어 있다. 다음 중 2단계인 위험환경 분석에 대한 내용에 해당하는 것을 모두 고른 것은?

㉠ 위험환경 식별 ㉡ 위험환경 분석/평가
㉢ 위험경감대책 수립 ㉣ 위험환경 목표/전략 수립

① ㉠, ㉡ ② ㉠, ㉡, ㉢
③ ㉠, ㉡, ㉣ ④ ㉠, ㉢, ㉣

해설
소방계획의 수립 절차

1단계 (사전기획)	2단계 (위험환경 분석)	3단계 (설계/개발)	4단계 (시행/유지관리)
작성준비 ↓ 요구사항 검토 ↓ 작성계획 수립	위험환경 식별 ↓ 위험환경 분석/평가 ↓ 위험경감대책 수립	목표/전략 수립 ↓ 실행계획 설계 및 개발	수립/시행 ↓ 운영/유지관리

|정답| ②

48 알람밸브를 기준으로 1차와 2차 측 배관에 가압수가 차 있고, 화재 시 열에 의해 헤드가 개방되면 가압수가 즉시 살수되어 소화하는 스프링클러설비는 무엇인가?

① 습식 스프링클러설비
② 건식 스프링클러설비
③ 준비작동식 스프링클러설비
④ 일제살수식 스프링클러설비

해설
습식 스프링클러설비
가압송수장치에서 폐쇄형 스프링클러헤드까지 배관 내에 항상 물이 가압되어 있다가 화재로 인한 열로 폐쇄형 스프링클러헤드가 개방되면 배관 내에 유수가 발생하여 습식 유수검지장치가 작동하는 설비를 말한다.

|정답| ①

49 다음 중 출혈의 증상으로 볼 수 없는 것은?

① 반사작용이 둔해진다.
② 혈압이 저하되고, 피부가 창백해진다.
③ 체온이 떨어지고 호흡곤란도 나타난다.
④ 호흡과 맥박이 느리고 약하며 불규칙적이다.

해설
출혈의 증상
• 호흡과 맥박이 빠르고 약하며 불규칙하고, 체온이 떨어지고 호흡곤란도 나타난다.
• 반사작용이 둔해진다.
• 탈수현상이 나타나며 갈증을 호소한다.
• 동공이 확대되고 두려움이나 불안을 호소한다.
• 혈압이 점차 저하되며, 피부가 창백해지고 차고 축축해진다.
• 구토가 발생한다.

|정답| ④

50 다음 중 인명구조기구의 종류에 해당하지 않는 것은?

① 방열복
② 방화복
③ 구급차
④ 공기호흡기

해설
인명구조기구의 종류 : 방열복・방화복(안전모, 보호장갑, 안전화 포함), 공기호흡기, 인공소생기

|정답| ③

Chapter 07 2019년 기출복원문제

01 다음 중 특정소방대상물의 각 부분으로부터 1개의 소화기까지의 보행거리로 옳은 것은?

① 소형소화기 : 10m 이내, 대형소화기 : 20m 이내
② 소형소화기 : 15m 이내, 대형소화기 : 20m 이내
③ 소형소화기 : 20m 이내, 대형소화기 : 30m 이내
④ 소형소화기 : 20m 이내, 대형소화기 : 35m 이내

해설

소화기의 종류별 능력단위 및 보행거리

종류		능력단위	보행거리
소형소화기		1단위 이상	20m 이내
대형소화기	A급	10단위 이상	30m 이내
	B급	20단위 이상	

| 정답 | ③

02 소방기본법상 100만원 이하의 벌금에 해당하지 않는 것은?

① 정당한 사유 없이 피난명령을 위반한 자
② 정당한 사유 없이 소방대의 생활안전활동을 방해한 자
③ 불이 번질 우려가 있는 소방대상물 및 토지의 강제처분을 방해한 자
④ 정당한 사유 없이 소방대가 현장에 도착할 때까지 인명구출 및 화재진압 등 조치를 하지 않은 소방대상물 관계인

해설
화재가 발생하거나 불이 번질 우려가 있는 소방대상물 및 토지의 강제처분을 방해한 자 또는 정당한 사유 없이 그 처분에 따르지 아니한 자 : 3년 이하의 징역 또는 3천만원 이하의 벌금

| 정답 | ③

03 다음 중 간이소화용구를 모두 고른 것은?

㉠ 에어로졸식 소화용구　　㉡ 투척용 소화용구
㉢ 팽창질석　　　　　　　㉣ 팽창진주암
㉤ 마른모래(모래주머니)

① ㉠, ㉡
② ㉠, ㉡, ㉣
③ ㉠, ㉡, ㉢, ㉤
④ ㉠, ㉡, ㉢, ㉣, ㉤

해설

간이소화용구(능력단위가 1 미만인 소화기구)의 종류
- 에어로졸식 소화용구
- 투척용 소화용구
- 소공간용 소화용구 및 소화약제 이외의 것을 이용한 간이소화용구(팽창질석, 팽창진주암, 마른모래 등)

| 정답 | ④

04 다음 중 1급 소방안전관리대상물에 해당하지 않는 것은?

① 층수가 15층인 업무시설
② 연면적 30,000m² 빌딩
③ 높이 130m 상가건물
④ 높이 110m, 층수가 30층인 아파트

해설

1급 소방안전관리대상물

선임대상물	• 30층 이상(지하층 제외)이거나 지상으로부터 높이가 120m 이상인 아파트 • 연면적 15,000m² 이상인 특정소방대상물(아파트 및 연립주택은 제외) • 11층 이상인 특정소방대상물(아파트는 제외) • 가연성 가스를 1,000톤 이상 저장·취급하는 시설

| 정답 | ③

05 2급 소방안전관리대상물의 소방안전관리자로 선임될 수 있는 자격기준으로 옳지 않은 것은? (단, 해당 소방안전관리자 자격증을 받은 경우에 해당한다)

① 위험물기능장 자격을 가진 사람
② 위험물산업기사 자격을 가진 사람
③ 소방공무원 1년의 근무경력이 있으며 2급 소방안전관리자 시험에 합격한 사람
④ 소방공무원 3년의 근무경력이 있으며 2급 소방안전관리자 시험에 합격한 사람

해설

2급 소방안전관리대상물

선임자격	• 위험물기능장 · 위험물산업기사 또는 위험물기능사 자격이 있는 사람 • 소방공무원으로 3년 이상 근무한 경력이 있는 사람 • 소방청장이 실시하는 2급 소방안전관리대상물의 소방안전관리에 관한 시험에 합격한 사람 • 소방안전관리자로 선임된 사람(소방안전관리자로 선임된 기간으로 한정)

|정답| ③

06 다음 특정소방대상물 중 소방안전관리보조자를 선임하지 않아도 되는 경우는?

① 300세대 이상인 아파트
② 연면적 15,000m² 이상인 공동주택
③ 바닥면적의 합계가 15,000m²인 의료시설
④ 바닥면적이 10,000m²이고 관계인이 24시간 상시 근무하고 있는 숙박시설

해설

소방안전관리보조자 선임대상물

선임대상물	• 아파트 중 300세대 이상인 아파트
	• 연면적이 15,000m² 이상인 특정소방대상물(아파트 및 연립주택은 제외)
	• 위 내용에 따른 특정소방대상물을 제외한 특정소방대상물 중 다음의 어느 하나에 해당하는 특정소방대상물
	  - 공동주택 중 특정소방대상물
	  - 의료시설
	  - 노유자 시설
	  - 수련시설
	  - 숙박시설(숙박시설로 사용되는 바닥면적의 합계가 1,500m² 미만이고 관계인이 24시간 상시 근무하고 있는 숙박시설은 제외)

|정답| ④

07 다음 중 자체점검에 대한 설명으로 옳은 것은?

① 소방대상물의 규모·용도 및 설치된 소방시설의 종류에 의하여 자체점검자의 자격·절차 및 방법 등을 달리한다.
② 작동점검 시 항시 소방시설관리사가 참여해야 한다.
③ 종합점검 시 소방시설별 점검장비를 이용하여 점검하지 않아도 된다.
④ 종합점검 시 특급, 1급은 연 1회만 실시하면 된다.

해설
- 작동점검 시 관계인, 소방안전관리자, 소방시설관리사 등이 참여한다.
- 종합점검 시 소방시설별 점검장비를 이용하여 점검한다.
- 종합점검 시 특급은 반기별 1회 이상, 1급은 연 1회 이상 실시한다.

| 정답 | ①

08 제조 또는 가공공정에서 방염처리를 한 물품으로 적절하지 않은 것은?

① 두께가 2mm 미만인 종이 벽지류
② 창문에 설치하는 커튼류(블라인드 포함)
③ 암막, 무대막(영화상영관, 골프연습장의 스크린 포함)
④ 섬유류 또는 합성수지류 등이 원료인 소파, 의자(단란주점영업, 유흥주점영업, 노래연습장업만 해당)

해설
방염대상물품

제조 또는 가공공정에서 방염처리를 한 물품	건축물 내부의 천장이나 벽에 설치하는 물품
• 창문에 설치하는 커튼류(블라인드 포함) • 카펫 • 벽지류(두께 2mm 미만인 종이 벽지 제외) • 전시용 및 무대용 합판·목재·섬유판 • 암막·무대막(영화상영관·가상체험 체육시설업의 스크린 포함) • 섬유류 또는 합성수지류로 제작된 소파·의자(단란주점영업·유흥주점영업·노래연습장업에 한정)	• 종이류(두께 2mm 이상), 합성수지류 또는 섬유류를 주원료로 한 물품 • 합판이나 목재 • 공간을 구획하기 위하여 설치하는 간이칸막이 • 흡음·방음을 위하여 설치하는 흡음재(흡음용 커튼 포함) 또는 방음재(방음용 커튼 포함)

| 정답 | ①

09 다음 중 동파 위험이 있는 스프링클러설비는?

① 습식
② 건식
③ 준비작동식
④ 일제살수식

해설
습식 스프링클러설비는 추운 환경에서 파이프 내의 물이 얼어붙을 위험이 있기 때문에 이러한 조건에서는 사용하기에 적합하지 않다.

|정답| ①

10 공기 중 산소는 약 몇 %가 존재하는가?

① 7%
② 15%
③ 18%
④ 21%

해설
공기 중 산소는 약 21%가 존재한다.

|정답| ④

11 소방안전관리자 현황표에 포함해야 하는 내용에 해당하지 않는 것은?

① 소방안전관리자의 이름과 연락처가 포함되어야 한다.
② 소방안전관리자의 수료일자와 등급이 포함되어야 한다.
③ 소방안전관리대상물의 명칭이 포함되어야 한다.
④ 소방안전관리대상물의 등급이 포함되어야 한다.

해설
소방안전관리자 현황표 기입사항
- 소방안전관리자 현황표의 대상명
- 소방안전관리자의 이름
- 소방안전관리자의 연락처
- 소방안전관리자의 선임일자
- 소방안전관리대상물의 등급

|정답| ②

12 가연물이 산소공급원과 만나 빛과 열을 발생하는 산화반응을 무엇이라 하는가?

① 연소
② 착화
③ 인화
④ 연쇄반응

해설
연소란 가연물이 공기 중의 산소 또는 산화제와 급격히 반응하여 열과 빛을 발생하면서 산화하는 현상이다.

| 정답 | ①

13 소방안전관리대상물의 작동점검 또는 종합점검 결과는 몇 년간 자체 보관해야 하는가?

① 1년
② 2년
③ 3년
④ 4년

해설
소방안전관리대상물의 자체점검(작동점검 또는 종합점검)을 실시한 자는 점검결과를 2년간 보관해야 한다.

| 정답 | ②

14 무창층에 대한 설명으로 틀린 것은?

① 개구부의 면적 합계가 해당 층 바닥면적의 1/30 이하가 되는 층을 말한다.
② 크기는 지름 50cm 이하의 원이 통과할 수 있어야 한다.
③ 내부 또는 외부에서 쉽게 부수거나 열 수 있어야 한다.
④ 도로 또는 차량이 진입할 수 있는 빈터를 향해야 한다.

해설
무창층
지상층 중 다음 요건을 모두 갖춘 개구부의 면적의 합계가 해당 층의 바닥면적의 30분의 1 이하가 되는 층을 말한다.
• 크기는 지름 50cm 이상의 원이 통과할 수 있을 것
• 해당 층의 바닥면으로부터 개구부 밑부분까지의 높이가 1.2m 이내일 것
• 도로 또는 차량이 진입할 수 있는 빈터를 향할 것
• 화재 시 건축물로부터 쉽게 피난할 수 있도록 창살이나 그 밖의 장애물이 설치되지 않을 것
• 내부 또는 외부에서 쉽게 부수거나 열 수 있을 것

| 정답 | ②

15 방화구획 단위는 11층 이상인 경우 바닥면적 몇 m² 이내마다 구획해야 하는가? (단, 벽 및 반자의 실내 마감재를 불연재료로 한다)

① 200m² 이내
② 400m² 이내
③ 500m² 이내
④ 1,000m² 이내

해설
방화구획의 기준

면적별 구획	• 10층 이하의 층은 바닥면적 1,000m² 이내마다 구획 • 11층 이상의 층은 바닥면적 200m²(내장재가 불연재인 경우 500m²) 이내마다 구획 　**참고** 스프링클러설비 기타 이와 유사한 자동식 소화설비를 설치한 경우에는 상기 면적의 3배 이내마다 구획

| 정답 | ③

---

16 실내온도가 급격히 상승하고 천장 부근에 축적된 가연성 가스가 착화되어 실내 전체가 화염에 휩싸이는 플래시오버 현상이 발생하는 화재의 성상단계는?

① 초기
② 성장기
③ 최성기
④ 감쇠기

해설
플래시오버는 실내온도가 급격히 상승하고 천장 부근에 축적된 가연성 가스가 착화되어 실내 전체가 화염에 휩싸이는 현상으로 성장기에서 최성기로 넘어가는 분기점이다.

꼼꼼 문제분석
건물 화재의 성상

초기	실내의 온도가 아직 크게 상승하지 않은 단계
성장기	실내온도가 급상승하며 실내 전체가 화염에 휩싸이는 플래시오버 상태
최성기	연소가 최고조에 달하는 단계 • 내화구조 : 최성기까지 20~30분 소요, 실내온도 800~1,050℃에 달함 • 목조건물 : 최성기까지 약 10분 소요, 실내온도 1,100~1,350℃에 달함
감쇠기	최성기 이후 가연물은 대부분 타버리고 화세가 감쇠하면서 온도는 점차 내려감

| 정답 | ②

17 화재의 분류에 대한 설명으로 옳지 않은 것은?

① B급화재는 석유류 화재를 말한다.
② C급화재는 전기기구에서 발생하는 화재로 질식소화가 효과적이다.
③ K급화재는 주방에서 발생하는 식용유 화재로 비누화작용과 냉각작용으로 소화한다.
④ A급화재는 목재, 섬유와 같은 가연물에 발생하는 화재로 연소 후 재가 남지 않는다.

해설
A급화재는 목재, 섬유와 같은 가연물에 발생하는 화재로 연소 후 재가 남는다.

| 정답 | ④

18 다음 중 제4류 위험물인 유류의 공통적인 성질이 아닌 것은?

① 인화하기 쉽다.
② 유증기는 대부분 공기보다 무겁다.
③ 유증기는 공기와 혼합되어 연소·폭발한다.
④ 대부분 물보다 무겁고 물에 녹지 않는다.

해설
제4류 위험물인 인화성 액체는 비중이 대부분 물보다 가벼워 물 위에 뜬다.

| 정답 | ④

19 화재로 오인할 만한 연기를 피운 자가 신고하지 않아 소방자동차를 출동하게 한 자에 대한 벌칙으로 옳은 것은?

① 200만원 이하의 벌금   ② 200만원 이하의 과태료
③ 50만원 이하의 과태료   ④ 20만원 이하의 과태료

해설
화재로 오인할 만한 우려가 있는 불을 피우거나 연막소독을 하려는 자가 신고를 하지 아니하여 소방자동차를 출동하게 한 자에게는 20만원 이하의 과태료를 부과한다.

| 정답 | ④

20 다음 중 수계 소화약제의 종류로 옳지 않은 것은?

① 물 ② 포말 ③ 강화액 ④ 이산화탄소

해설
수계 소화약제는 물을 기본 성분으로 하여 화재를 진압하는 소화약제를 말하며 주로 냉각소화를 한다.
- 물 : 가장 기본적인 수계 소화약제
- 포말 : 물과 기포제를 혼합하여 만든 것으로, 연소 표면을 덮어 질식 및 냉각소화를 함
- 강화액 : 물에 계면활성제 등을 첨가해 침투력과 냉각력을 강화한 소화약제

꼼꼼 문제분석
냉각소화와 질식소화

소화 종류	특징	종류
냉각소화	점화원을 활성화에너지 값 이하로 낮게 하는 방법	물소화기, 강화액소화기 등
질식소화	가연물질에 산소공급을 차단시켜 소화하는 방법	이산화탄소소화약제, 포소화약제, 분말소화약제 등

| 정답 | ④

21 분말소화기의 내용연수로 옳은 것은?

① 3년 ② 5년
③ 7년 ④ 10년

해설
소화기의 내용연수는 10년으로 하고 내용연수가 지난 제품은 교체 또는 성능확인을 받을 것

| 정답 | ④

22 질소와 질소산화물이 가연물이 될 수 없는 이유는?

① 산소와 결합하면 연쇄반응을 일으키기 때문에
② 산소와 결합하면 복사반응을 일으키기 때문에
③ 산소와 결합하면 흡열반응을 일으키기 때문에
④ 산소와 결합하면 전열반응을 일으키기 때문에

해설
질소 및 질소산화물은 산소와 결합하더라도 열을 방출하지 않고 흡수하므로(흡열반응), 자체적으로 연소를 일으킬 수 없어 가연물이 될 수 없다.

| 정답 | ③

23 피난층에 대한 설명으로 옳은 것은?

① 건축물의 지상 1층만을 피난층으로 지정할 수 있다.
② 곧바로 지상으로 갈 수 있는 출입구가 있는 층이다.
③ 옥상의 아래층으로 옥상으로 피난할 수 있는 층이다.
④ 직접 지상으로 통하는 계단과 연결된 층으로 지하 1층을 말한다.

해설
피난층은 곧바로 지상으로 갈 수 있는 출입구가 있는 층을 말한다.

| 정답 | ②

24 스프링클러설비의 규정 방수량과 방수압력은?

① 80L/min·개, 0.1 ~ 0.7MPa
② 80L/min·개, 0.1 ~ 1.2MPa
③ 130L/min·개, 0.1 ~ 0.7MPa
④ 130L/min·개, 0.1 ~ 1.2MPa

해설
스프링클러설비의 방수량과 방수압력
• 방수량 : 80L/min 이상
• 방수압력 : 0.1 ~ 1.2MPa

| 정답 | ②

25 옥내소화전설비의 방수량은 얼마 이상인가?

① 80L/min 이상
② 130L/min 이상
③ 350L/min 이상
④ 500L/min 이상

해설

구분	옥내소화전설비	옥외소화전설비
방수량	130L/min 이상	350L/min 이상
방수압력	0.17MPa 이상 0.7MPa 이하	0.25MPa 이상 0.7MPa 이하

| 정답 | ②

26 소방계획의 절차에 대한 설명 중 옳지 않은 것은?

① 사전기획 : 소방계획 수립을 위한 임시조직을 구성하거나 위원회 등을 개최하여 의견 수렴
② 위험환경 분석 : 위험요인을 식별하고 이에 대한 분석 및 평가 실시 후 대책 수립
③ 설계 및 개발 : 환경을 바탕으로 소방계획 수립의 목표와 전략을 수립하고 세부 실행계획 수립
④ 시행 및 유지·관리 : 구체적인 소방계획을 수립하고 소방서장의 최종 승인을 받은 후 소방계획을 이행하고 지속적인 개선 실시

해설

소방계획의 수립 절차 및 내용

사전기획	소방계획 수립을 위한 임시조직을 구성하거나 위원회 등을 개최하여 법적 요구사항은 물론 이해관계자의 의견을 수렴하고 세부 작성계획 수립
위험환경 분석	대상물 내 물리적 및 안전위험요인 등에 대한 위험요인을 식별하고, 이에 대한 분석 및 평가를 정성적·정량적으로 실시한 후 이에 대한 대책 수립
설계 및 개발	대상물의 환경 등을 바탕으로 소방계획 수립의 목표와 전략을 수립하고 세부 실행계획 수립
시행 및 유지관리	구체적인 소방계획을 수립하고 이해관계자의 검토를 거쳐 최종 승인을 받은 후 소방계획을 이행하고 지속적인 개선 실시

| 정답 | ④

27 1차 측은 가압수, 2차 측 배관은 대기압 상태로 감지기 작동 시 담당구역의 모든 헤드에서 살수되는 스프링클러설비는?

① 습식 스프링클러설비
② 건식 스프링클러설비
③ 준비작동식 스프링클러설비
④ 일제살수식 스프링클러설비

해설

일제살수식 스프링클러설비
일제개방밸브를 중심으로 1차 측은 가압수, 2차 측은 대기압 상태이며 감지기 작동 시 담당구역의 모든 헤드에서 살수되는 방식이다.

| 정답 | ④

28. 다음은 감지기 시험장비를 활용한 경보설비 점검 그림이다. 그림의 내용 중 옳지 않은 것은?

① 감지기 작동상태 확인이 가능하다.
② 감지기 작동 확인은 수신기에서 불가능하다.
③ 수신기에서 해당 경계구역 확인이 가능하다.
④ 감지기 동작 시 지구경종 확인이 가능하다.

해설
감지기 작동 확인은 수신기에서 반드시 가능해야 한다.

| 정답 | ②

29. 다음은 옥외소화전의 설치기준이다. ( ) 안에 알맞은 것은?

> 소방대상물의 각 부분으로부터 호스접결구까지의 수평거리가 (㉠) 이하가 되도록 설치해야 하며, 호스는 구경 (㉡)의 것으로 해야 한다.

① ㉠ : 25m, ㉡ : 40mm
② ㉠ : 40m, ㉡ : 40mm
③ ㉠ : 25m, ㉡ : 65mm
④ ㉠ : 40m, ㉡ : 65mm

해설
옥외소화전의 호스접결구는 지면으로부터 높이가 0.5m 이상 1m 이하의 위치에 설치하고 특정소방대상물의 각 부분으로부터 하나의 호스접결구까지의 수평거리가 40m 이하가 되도록 설치해야 하며, 호스는 구경 65mm의 것으로 해야 한다.

| 정답 | ④

30 위험물과 지정수량의 연결이 옳지 않은 것은?

① 알코올류 - 400L
② 휘발유 - 200L
③ 등유 - 1,000L
④ 중유 - 400L

해설
중유는 제4류 위험물 중 제3석유류(비수용성)로 지정수량은 2,000L이다.

| 정답 | ④

31 다음 그림은 가스계 소화설비 중 기동용기함의 각 구성요소를 나타낸 것이다. 가스계 소화설비 작동점검 전 가장 우선해야 하는 안전조치로 옳은 것은?

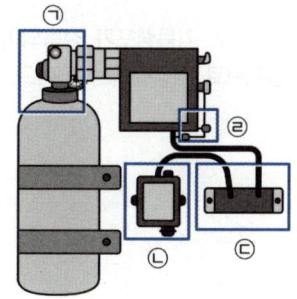

① ㉠의 연결부분을 분리한다.
② ㉡의 압력스위치를 당긴다.
③ ㉢의 단자에 배선을 연결한다.
④ ㉣의 안전핀을 체결한다.

해설
가스계 소화설비의 작동점검 전 안전조치로 가장 먼저 해야 하는 것은 ㉣의 안전핀을 체결하는 것이다.

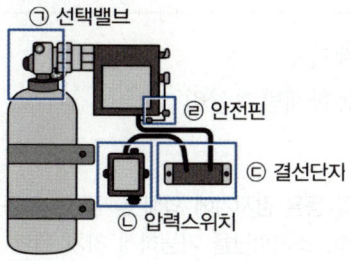

㉠ 선택밸브
㉣ 안전핀
㉢ 결선단자
㉡ 압력스위치

| 정답 | ④

32 최상층의 옥내소화전설비 방수압력을 시험하고 있다. 다음 그림을 보고 옥내소화전설비의 동력제어반 상태, 점검결과, 불량내용이 순서대로 옳은 것은? (단, 동력제어반 정상위치 여부만 판단한다)

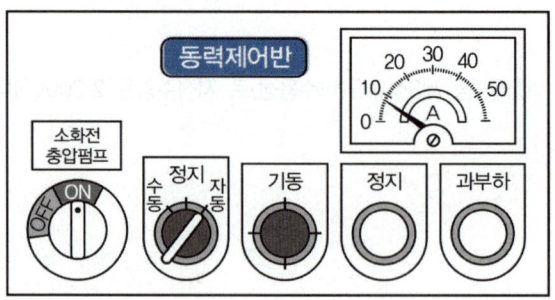

① 펌프수동기동, ×, 펌프 자동 기동불가
② 펌프수동기동, ○, 이상 없음
③ 펌프자동기동, ○, 이상 없음
④ 펌프자동기동, ×, 알 수 없음

해설
- 동력제어반 선택스위치가 자동이고, 기동램프가 점등되어 있다.
- 점검결과 불량내용이 이상 없으므로 점검결과는 ○이고, 불량내용은 이상 없음이다.

| 정답 | ③

33 다음 ( ) 안에 들어갈 내용으로 알맞은 것은?

( )는 화재 초기에 발생되는 열, 연기 또는 불꽃 등을 감지기에 의해 감지하여 경보를 발함으로써 화재를 조기에 발견하여 조기통보, 초기소화, 조기피난을 가능하게 하기 위한 설비이다.

① 수신기
② 중계기
③ 발신기
④ 자동화재탐지설비

해설
자동화재탐지설비는 화재 초기에 발생되는 열, 연기 또는 불꽃 등을 감지기에 의해 감지하여 자동적으로 경보를 발함으로써 화재를 조기에 발견하여 조기통보, 초기소화, 조기피난을 가능하게 하기 위한 설비이다.

| 정답 | ④

34 지하 3층, 지상 15층인 특정소방대상물에 자동화재탐지설비를 설치하였다. 지하 1층에서 화재가 발생한 경우 우선적으로 경보를 해야 하는 층은?

① 모든 지하층
② 지상 1, 2, 3, 4층
③ 전층 일제경보
④ 지상 1층 및 모든 지하층

해설
층수가 11층(공동주택의 경우 16층) 이상의 특정소방대상물은 다음의 기준의 따라 경보를 발할 수 있어야 한다.

2층 이상의 층에서 발화	발화층 및 그 직상 4개 층에 경보를 발할 것
1층에서 발화	발화층·그 직상 4개 층 및 지하층에 경보를 발할 것
지하층에서 발화	발화층·그 직상층 및 기타의 지하층에 경보를 발할 것

|정답| ④

35 다음 그림의 밸브를 작동시켰을 때 확인해야 할 사항으로 옳지 않은 것은?

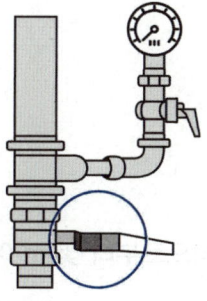

① 펌프작동상태
② 감시제어반 밸브개방표시등
③ 음향장치 작동
④ 방출표시등 점등

해설
방출표시등은 스프링클러설비와 관련이 없다.

|정답| ④

36 옥내소화전 감시제어반의 스위치 상태가 다음과 같을 때 동력제어반 ㉠~㉣에서 점등되는 표시등을 모두 고른 것은? (단, 설비는 정상상태이며 제시된 조건을 제외하고 나머지 조건은 무시한다)

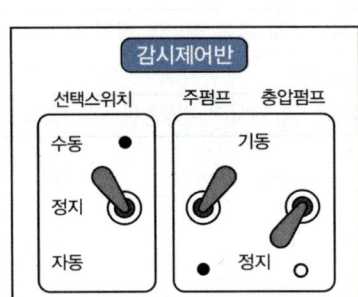
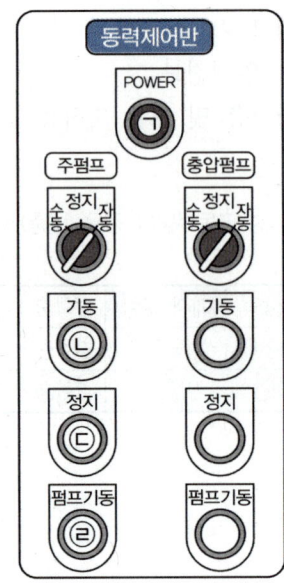

① ㉠, ㉡, ㉢ ② ㉠, ㉡, ㉣
③ ㉠, ㉣ ④ ㉡, ㉣

해설
선택스위치는 수동, 주펌프는 기동이므로 다음의 버튼이 점등되어 있어야 한다.
- power램프(㉠)
- 주펌프 기동램프(㉡)
- 주펌프 펌프기동램프(㉣)

|정답| ②

37 피난구유도등은 피난구 바닥으로부터 몇 m 이상 출입구에 인접하도록 설치해야 하는가?

① 1.0m 이상 ② 1.2m 이상
③ 1.5m 이상 ④ 2.0m 이상

해설
피난구유도등은 피난구 또는 피난경로로 사용되는 출입구를 표시하여 피난을 유도하는 등으로, 피난구의 바닥으로부터 높이 1.5m 이상으로서 출입구에 인접하도록 설치해야 한다.

|정답| ③

38 의료시설의 3층에 피난기구를 설치하고자 할 때 적응성이 없는 것은?

① 구조대　　　　② 피난교
③ 피난용 트랩　　④ 간이완강기

해설
의료시설 피난기구의 적응성

장소	1층	2층	3층	4층 이상 10층 이하
의료시설, 근린생활시설 중 입원실이 있는 곳	–	–	• 미끄럼대 • 구조대 • 피난교 • 피난용 트랩 • 다수인 피난장비 • 승강식 피난기	• 구조대 • 피난교 • 피난용 트랩 • 다수인 피난장비 • 승강식 피난기

| 정답 | ④

39 유도등의 3선식 배선 시 자동으로 점등되는 경우가 아닌 것은?

① 비상전원이 방전되는 때
② 자동소화설비가 작동되는 때
③ 비상경보설비의 발신기가 작동되는 때
④ 자동화재탐지설비의 감지기 또는 발신기가 작동되는 때

해설
유도등의 3선식 배선 시 자동으로 점등되는 경우
• 자동화재탐지설비의 감지기 또는 발신기가 작동되는 때
• 비상경보설비의 발신기가 작동되는 때
• 상용전원이 정전되거나 전원선이 단선되는 때
• 방재업무를 통제하는 곳 또는 전기실의 배전반에서 수동으로 점등하는 때
• 자동소화설비가 작동되는 때

| 정답 | ①

40 K급화재의 적응물질로 옳은 것은?

① 목재
② 유류
③ 금속류
④ 동·식물성 유지

해설
주방화재(K급화재) : 주방에서 동식물유를 취급하는 조리기구에서 일어나는 화재

|정답| ④

41 소방안전관리대상물에 대한 소방계획의 주요 내용으로 옳지 않은 것은?

① 소방훈련·교육에 관한 계획
② 소화에 관한 사항과 연소 방지에 관한 사항
③ 소방안전관리를 위하여 관계인이 요청하는 사항
④ 소방시설·피난시설 및 방화시설의 점검·정비계획

해설
소방안전관리대상물에 대한 소방계획의 주요 내용
- 소방안전관리대상물의 위치·구조·연면적·용도 및 수용인원 등 일반 현황
- 소방안전관리대상물에 설치한 소방시설·방화시설, 전기시설·가스시설 및 위험물 시설의 현황
- 화재 예방을 위한 자체점검계획 및 대응대책
- 소방시설·피난시설 및 방화시설의 점검·정비계획
- 피난층 및 피난시설의 위치와 피난경로의 설정, 화재안전취약자의 피난계획 등을 포함한 피난계획
- 방화구획, 제연구획, 건축물의 내부 마감재료 및 방염대상물품의 사용현황과 그 밖의 방화구조 및 설비의 유지·관리계획
- 관리의 권원이 분리된 소방안전관리에 관한 사항
- 소방훈련·교육에 관한 사항
- 소방안전관리대상물의 근무자 및 거주자의 자위소방대 조직과 대원의 임무(화재안전취약자의 피난보조임무를 포함)에 관한 사항
- 화기 취급작업에 대한 사전 안전조치 및 감독 등 공사 중 소방안전관리에 관한 사항
- 소화에 관한 사항과 연소 방지에 관한 사항
- 위험물의 저장·취급에 관한 사항
- 소방안전관리에 대한 업무수행에 관한 기록 및 유지에 관한 사항
- 화재발생 시 화재경보, 초기소화 및 피난유도 등 초기대응에 관한 사항
- 그 밖에 소방안전관리를 위하여 소방본부장 또는 소방서장이 소방안전관리대상물의 위치·구조·설비 또는 관리 상황 등을 고려하여 소방안전관리에 필요하여 요청하는 사항

|정답| ③

42 다음 중 각 위험물의 유별 특성으로 옳지 않은 것은?

① 제1류 위험물 - 산화성 고체
② 제2류 위험물 - 가연성 고체
③ 제4류 위험물 - 산화성 액체
④ 제3류 위험물 - 자연발화성 물질

해설
제4류 위험물은 인화성 액체이다.

| 정답 | ③

43 비화재보의 원인에 따른 대책으로 적절하지 않은 것은?

① 주방에 비적응성 감지기가 설치된 경우 - 적응성 감지기로 교체
② 담배연기로 인한 연기감지기 오동작 - 흡연구역의 감지기 제거
③ 천장형 온풍기에 밀접하게 설치된 경우 - 기류흐름 방향 외 이격 설치
④ 장마철 공기 중 습도 증가에 의한 감지기 오동작 - 복구스위치 누름 혹은 작동된 감지기 복구

해설
담배연기로 인한 연기감지기 오동작 - 흡연구역에 환풍기 등 설치

| 정답 | ②

44 다음 자동심장충격기 사용에 관한 내용 중 옳은 것을 모두 고른 것은?

㉠ 자동심장충격기의 전원을 켤 때 감전의 위험이 있으므로 환자와 접촉해서는 안 된다.
㉡ 두 개의 패드 중 1개가 이물질로부터 오염 시 패드 1개만 부착하여도 된다.
㉢ 심장리듬 분석 시 환자에게서 즉시 떨어져 올바른 분석을 할 수 있도록 한다.
㉣ 제세동 버튼을 누를 때 환자와 접촉한 사람이 없음을 확인 후 제세동 버튼을 누른다.

① ㉠, ㉡
② ㉡, ㉢
③ ㉢, ㉣
④ ㉠, ㉣

해설
㉠ 자동심장충격기를 이용해 심장충격 시행 시 감전의 위험이 있으므로 환자와 접촉해서는 안 된다.
㉡ 반드시 두 개의 패드를 모두 부착해야 한다.

| 정답 | ③

45 출혈 시 응급처치 중 지혈대 사용법에 대한 설명으로 틀린 것은?

① 지혈대 착용시간을 기록한다.
② 지혈대가 풀리지 않도록 정리한다.
③ 출혈 부위에서 5~7cm 하단 부위를 묶는다.
④ 출혈이 멈추는 지점에서 조임을 멈춘다.

[해설]
지혈대 사용법은 절단과 같은 심한 출혈이 있을 때나 지혈법으로도 출혈을 막지 못할 경우 최후의 수단으로 사용하는 방법으로, 5cm 이상의 띠를 사용하여 출혈 부위에서 5~7cm 상단 부위를 묶는다.

|정답| ③

46 다음 그림은 수신기의 일부분이다. 그림과 관련된 설명 중 옳은 것은?

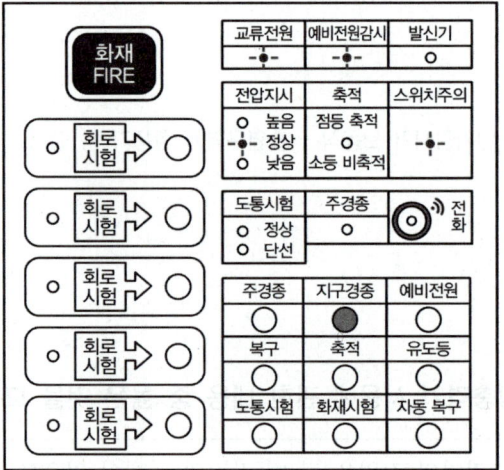

① 수신기스위치 상태는 정상이다.
② 예비전원을 확인하여 교체한다.
③ 수신기 교류전원에 문제가 발생했다.
④ 예비전원이 정상상태임을 표시한다.

[해설]
- 예비전원감시램프가 점등되어 있으므로 예비전원은 비정상상태이다. 따라서 예비전원을 확인하여 교체한다.
- 스위치주의등이 점멸하고 있는 이유는 지구경종스위치가 눌렸기 때문이고 점멸하고 있으므로 상태는 비정상이다.
- 교류전원램프가 점등되어 있으나 전압지시는 정상이므로 수신기 교류전원에는 문제가 없다.

|정답| ②

47 다음 중 자위소방활동과 업무특성에 대해 잘못 짝지어진 것은?

① 초기소화 : 화재확산방지, 위험물시설에 대한 제어 및 비상반출
② 방호안전 : 화재확산방지, 위험물 시설에 대한 제어 및 비상반출
③ 응급구조 : 응급상황 발생 시 응급조치 및 응급의료소 설치·지원
④ 피난유도 : 재실자, 방문자의 피난유도 및 피난약자에 대한 피난보조활동

해설
자위소방활동과 업무특성

비상연락	화재 시 상황전파, 화재신고(119) 및 통보연락 업무
초기소화	초기소화설비를 이용한 조기 화재진압
응급구조	응급상황 발생 시 응급조치 및 응급의료소 설치·지원
방호안전	화재확산방지, 위험물시설에 대한 제어 및 비상반출
피난유도	재실자, 방문자의 피난유도 및 피난약자에 대한 피난보조 활동

|정답| ①

48 화상환자의 이동 전 조치사항으로 옳은 것은?

① 3도 화상은 화상 부위를 흐르는 물로 식혀준다.
② 부분층화상으로 수포가 생길 경우 터트리지 말아야 한다.
③ 환자의 옷가지가 피부조직에 붙어 있을 때에는 옷을 잘라낸다.
④ 1, 2도 화상은 물에 적신 천을 대어 열기가 심부로 전달되는 것을 막는다.

해설
화상환자의 이동 전 조치
• 화상환자가 착용한 옷가지가 피부조직에 붙어 있을 때는 옷을 잘라내지 말고 수건 등으로 닦거나 접촉되는 일이 없도록 한다.
• 통증 호소 또는 피부의 변화에 동요되어 간장, 된장, 식용기름을 바르는 일이 없도록 하여야 한다.
• 1도, 2도 화상은 화상 부위를 흐르는 물에 식혀준다. 이때 물의 온도는 실온, 수압은 약하게 하여 화상 부위보다 위에서 아래로 흘러내리도록 한다. 3도 화상은 물에 적신 천을 대어 열기가 심부로 전달되는 것을 막아주고 통증을 줄여 준다.
• 화상 부분의 오염 우려 시는 소독거즈가 있을 경우 화상 부위를 덮어주면 좋다. 그러나 골절환자일 경우 무리하게 압박하여 드레싱하는 것은 금한다.
• 화상환자가 부분층 화상일 경우 수포(물집) 상태의 감염 우려가 있으므로 터트리지 말아야 한다.

|정답| ②

49 다음 그림을 보고 자동화재탐지설비 점검 시 5층의 선로 단선을 확인하는 순서로 옳은 것은?

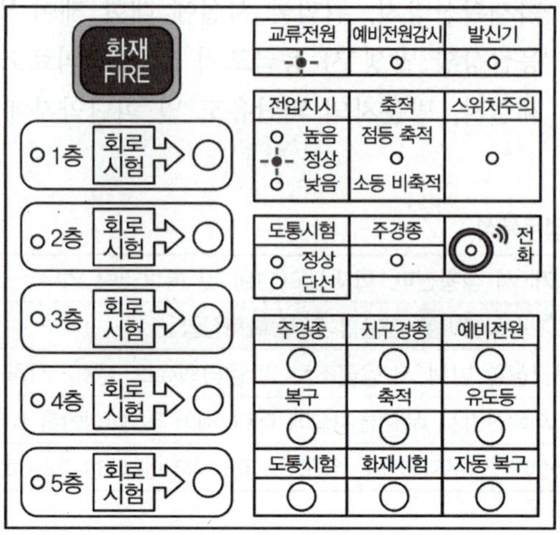

① 주경종 버튼 누름 → 5층 회로시험 누름
② 화재시험 버튼 누름 → 5층 회로시험 누름
③ 축적 버튼 누름 → 5층 회로시험 누름
④ 도통시험 버튼 누름 → 5층 회로시험 버튼 누름

해설
• 선로 단선을 확인하기 위해 도통시험 버튼을 누른다.
• 5층의 선로 단선을 확인하기 위해 5층 회로시험 버튼을 누른다.

|정답| ④

50 가스계 소화설비 중 소화약제 방출방식에 따른 분류에 해당하지 않는 것은?

① 전역방출방식
② 부분방출방식
③ 국소방출방식
④ 호스릴방식

해설
가스계 소화설비의 약제방출방식에 따른 분류에는 전역방출방식, 국소방출방식, 호스릴방식이 있다.

|정답| ②

Chapter 08

2018년 기출복원문제

01 소방활동구역을 출입할 수 있는 사람이 아닌 것은?

① 관계인
② 변호사
③ 보도업무 종사자
④ 구조·구급업무 종사자

해설

소방활동구역의 출입자
- 소방활동구역 안에 있는 소방대상물의 소유자·관리자 또는 점유자
- 전기·가스·수도·통신·교통의 업무에 종사하는 사람으로서 원활한 소방활동을 위하여 필요한 사람
- 의사·간호사 그 밖의 구조·구급업무에 종사하는 사람
- 취재인력 등 보도업무에 종사하는 사람
- 수사업무에 종사하는 사람
- 그 밖에 소방대장이 소방활동을 위하여 출입을 허가한 사람

| 정답 | ②

02 전기화재의 주요 화재원인이 아닌 것은?

① 전선의 합선(단락)에 의한 발화
② 누전에 의한 발화
③ 과전류(과부하)에 의한 발화
④ 누전차단기 고장

해설

누전차단기는 전기설비에 문제가 생겼을 때 전기를 차단해주는 보호장치이다. 고장이 나면 화재를 예방하지 못할 수는 있지만, 직접적으로 화재의 원인이 되지는 않는다. 즉, 화재를 유발하는 주원인이 아니라, 화재가 커지는 원인이 될 수 있는 보조적 요인이다.

꼼꼼 문제분석

전기화재의 주요원인
- 전선의 합선(단락)에 의한 발화
- 누전에 의한 발화
- 과전류(과부하)에 의한 발화
- 규격미달의 전선 또는 전기기계기구 등의 과열, 배선 및 전기기계기구 등의 절연불량 또는 정전기로부터의 불꽃

| 정답 | ④

03 다음은 소방안전관리자의 실무교육에 대한 내용이다. ( ) 안에 알맞은 것은?

> 소방안전관리자는 소방안전관리자로 선임된 날부터 (㉠) 이내에 실무교육을 받아야 하며, 그 이후에는 (㉡)마다(최초 실무교육을 받은 날을 기준일로 하여 매 (㉡)이 되는 해의 기준일과 같은 날 전까지를 말한다) (㉢) 이상 실무교육을 받아야 한다.

① ㉠ 6개월, ㉡ 1년, ㉢ 2회
② ㉠ 1년, ㉡ 6개월, ㉢ 1회
③ ㉠ 6개월, ㉡ 2년, ㉢ 1회
④ ㉠ 3개월, ㉡ 1년, ㉢ 1회

해설
소방안전관리자는 소방안전관리자로 선임된 날부터 6개월 이내에 실무교육을 받아야 하며, 그 이후에는 2년마다(최초 실무교육을 받은 날을 기준일로 하여 매 2년이 되는 해의 기준일과 같은 날 전까지를 말한다) 1회 이상 실무교육을 받아야 한다.

| 정답 | ③

04 화재예방법상 1년 이하의 징역 또는 1천만원 이하의 벌금에 해당하는 것은?

① 소방안전관리자 자격증을 빌려주거나 알선한 자
② 화재예방조치에 따른 명령을 정당한 사유 없이 따르지 않거나 방해한 자
③ 소방안전관리자, 총괄소방안전관리자, 소방안전관리보조자를 선임하지 않은 자
④ 소방시설·피난시설·방화시설 및 방화구획 등이 법령에 위반된 것을 발견하였음에도 필요한 조치를 할 것을 요구하지 않은 소방안전관리자

해설
- 화재예방조치에 따른 명령을 정당한 사유 없이 따르지 않거나 방해한 자 : 300만원 이하의 벌금
- 소방안전관리자, 총괄소방안전관리자, 소방안전관리보조자를 선임하지 않은 자 : 300만원 이하의 벌금
- 소방시설·피난시설·방화시설 및 방화구획 등이 법령에 위반된 것을 발견하였음에도 필요한 조치를 할 것을 요구하지 않은 소방안전관리자 : 300만원 이하의 벌금

| 정답 | ①

05 다음 중 소방기본법의 목적으로 옳지 않은 것은?

① 화재의 예방·경계 및 진압
② 국민의 생명·신체 및 재산을 보호
③ 사회의 질서유지와 기업의 복리증진에 이바지
④ 화재, 재난·재해, 그 밖의 위급한 상황에서 구조·구급활동

해설
소방기본법의 목적
이 법은 화재를 예방·경계하거나 진압하고 화재, 재난·재해, 그 밖의 위급한 상황에서의 구조·구급활동 등을 통하여 국민의 생명·신체 및 재산을 보호함으로써 공공의 안녕 및 질서 유지와 복리증진에 이바지함을 목적으로 한다.

| 정답 | ③

06 다음 화재 중 다량의 물 또는 수용액으로 소화할 수 있는 화재는?

① 일반화재　　　　　　② 유류화재
③ 전기화재　　　　　　④ 금속화재

해설
일반화재는 물이 열을 효과적으로 흡수하고 연소물질의 온도를 낮추어 화재를 진압할 수 있다.

| 정답 | ①

07 액체 가연물질의 인화점이 낮은 것부터 높은 순서로 옳게 나열한 것은?

① 휘발유 < 등유 < 벤젠
② 아세톤 < 중유 < 벤젠
③ 중유 < 아세톤 < 에틸알코올
④ 휘발유 < 아세톤 < 에틸알코올

해설
위험물별 인화점

휘발유	−43℃	벤젠	−11℃
아세톤	−18℃	등유	39℃ 이상
에틸알코올	13℃	중유	70℃ 이상

| 정답 | ④

08 다음 중 피난기구에 해당되지 않는 것은?

① 완강기 ② 유도등
③ 구조대 ④ 피난사다리

해설
피난구조설비의 종류

피난기구	인명구조기구	유도등	그 외
피난사다리 구조대 완강기 간이완강기 미끄럼대 다수인 피난장비	방열복 방화복(안전모, 보호장갑, 안전화 포함) 공기호흡기 인공소생기	피난유도선 피난구유도등 통로유도등 객석유도등 유도표지	비상조명등 휴대용 비상조명등

| 정답 | ②

09 다음 중 소방시설등의 자체점검에 대한 설명으로 옳은 것은?

① 작동점검은 반드시 소방기술사가 참여해야 한다.
② 특급 소방안전관리대상물은 연 1회 종합점검을 실시한다.
③ 작동점검 시 소방시설별 점검장비를 이용하여 점검하지 않아도 된다.
④ 자체점검이 끝난 날부터 15일 이내 소방서장에게 보고서를 제출해야 한다.

해설
• 작동점검 점검대상별 기술인력

점검대상	점검 기술인력
간이스프링클러설비(주택전용 간이 스프링클러설비 제외) 또는 자동화재탐지설비가 설치된 특정소방대상물	• 관계인 • 관리업에 등록된 기술인력 중 소방시설관리사 • 특급점검자 • 소방안전관리자로 선임된 소방시설관리사 및 소방기술사
위에 해당하지 않는 특정소방대상물	• 관리업에 등록된 소방시설관리사 • 소방안전관리자로 선임된 소방시설관리사 및 소방기술사

• 특급 소방안전관리대상물은 반기에 1회 이상 종합점검을 실시한다.
• 작동점검 시 소방시설별 점검장비를 이용한다.

| 정답 | ④

10 소방안전관리대상물을 제외한 특정소방대상물의 관계인 업무가 아닌 것은?

① 화기취급의 감독
② 화재발생 시 초기대응
③ 피난시설, 방화구획 및 방화시설의 관리
④ 피난계획에 관한 소방계획서의 작성 및 시행

해설
관계인의 업무
- 피난시설, 방화구획 및 방화시설의 관리
- 소방시설, 그 밖의 소방관련시설의 관리
- 화기취급의 감독
- 소방안전관리에 필요한 업무
- 화재발생 시 초기대응

|정답| ④

11 다음 방염대상물품 중 건축물 내부 천장이나 벽에 부착하거나 설치하는 것에 해당하지 않는 것은?

① 가구류
② 합판이나 목재
③ 두께 2mm 이상 종이류
④ 공간구획을 위한 간이칸막이

해설
방염대상물품

제조 또는 가공공정에서 방염처리를 한 물품	건축물 내부의 천장이나 벽에 설치하는 물품
• 창문에 설치하는 커튼류(블라인드 포함) • 카펫 • 벽지류(두께 2mm 미만인 종이 벽지 제외) • 전시용 및 무대용 합판·목재·섬유판 • 암막·무대막(영화상영관·가상체험 체육시설업의 스크린 포함) • 섬유류 또는 합성수지류로 제작된 소파·의자(단란주점영업·유흥주점영업·노래연습장업에 한정)	• 종이류(두께 2mm 이상), 합성수지류 또는 섬유류를 주원료로 한 물품 • 합판이나 목재 • 공간을 구획하기 위하여 설치하는 간이칸막이 • 흡음·방음을 위하여 설치하는 흡음재(흡음용 커튼 포함) 또는 방음재(방음용 커튼 포함)

|정답| ①

12 위험물의 종류별로 위험성을 고려하여 대통령령이 정하는 수량으로서 제조소 등의 설치허가 등에 있어 최저의 기준이 되는 수량을 무엇이라 하는가?

① 허가수량 ② 유효수량
③ 지정수량 ④ 저장수량

해설
"지정수량"이라 함은 위험물의 종류별로 위험성을 고려하여 대통령령이 정하는 수량으로서 규정에 의한 제조소등의 설치허가 등에 있어서 최저의 기준이 되는 수량을 말한다.

| 정답 | ③

13 소방시설법에서 건축허가 및 사용승인 동의 기간으로 옳은 것은? (단, 특급 소방안전관리대상물이 아닌 경우이다)

① 4일 이내 ② 5일 이내
③ 7일 이내 ④ 14일 이내

해설
건축허가 등의 동의 요구
동의 요구를 받은 소방본부장 또는 소방서장은 건축허가 등의 동의 요구서류를 접수한 날부터 5일 이내에 건축허가 등의 동의 여부를 회신해야 한다.

| 정답 | ②

14 방염에 있어서 현장처리물품의 실시기관은?

① 행정안전부장관 ② 소방청장
③ 소방본부장 ④ 시·도지사

해설
방염처리 물품의 성능검사

구분	선처리물품	현장처리물품
종류	커튼류, 카펫, 합판·목재 등	합판·목재류
실시기관	한국소방산업기술원	시·도지사(관할소방서장)

| 정답 | ④

15 다음은 옥내소화전함 등의 설치기준이다. (   ) 안에 알맞은 것은?

- 층마다 설치하되 소방대상물의 각 부분으로부터 1개의 옥내소화전 방수구까지의 (㉠)가 되도록 할 것
- 호스는 구경 (㉡)인 것으로 물이 유효하게 뿌려질 수 있는 길이로 설치할 것

① ㉠ 수평거리 20m 이하, ㉡ 40mm 이상
② ㉠ 수평거리 25m 이하, ㉡ 40mm 이상
③ ㉠ 수평거리 20m 이하, ㉡ 65mm 이상
④ ㉠ 수평거리 25m 이하, ㉡ 65mm 이상

해설
- 층마다 설치하되 소방대상물의 각 부분으로부터 1개의 옥내소화전 방수구까지의 수평거리가 25m 이하가 되도록 할 것
- 호스는 구경 40mm 이상인 것으로 물이 유효하게 뿌려질 수 있는 길이로 설치할 것

|정답| ②

16 소방기본법상 5년 이하의 징역 또는 5천만원 이하의 벌금으로 옳지 않은 것은?

① 소방자동차의 출동을 방해한 사람
② 화재가 발생하거나 불이 번질 우려가 있는 소방대상물의 강제처분을 방해한 자
③ 출동한 소방대원에게 폭행 또는 협박을 행사하여 화재진압·인명구조 또는 구급활동을 방해하는 행위
④ 정당한 사유 없이 소방용수시설 또는 비상소화장치를 사용하거나 소방용수시설 또는 비상소화장치의 효용을 해치거나 그 정당한 사용을 방해한 사람

해설
화재가 발생하거나 불이 번질 우려가 있는 소방대상물 및 토지의 강제처분을 방해한 자 또는 정당한 사유 없이 그 처분에 따르지 아니한 자 : 3년 이하의 징역 또는 3천만원 이하의 벌금

|정답| ②

17 다음 그림은 수신기의 일부분이다. 그림과 관련된 설명 중 옳은 것은?

① 수신기스위치 상태는 정상이다.
② 예비전원을 확인하여 교체한다.
③ 수신기 교류전원에 문제가 발생했다.
④ 예비전원이 정상상태임을 표시한다.

해설
- 예비전원감시램프가 점등되어 있으므로 예비전원은 비정상상태이다. 따라서 예비전원을 확인하여 교체한다.
- 스위치주의등이 점멸하고 있는 이유는 지구경종스위치가 눌렸기 때문이고 점멸하고 있으므로 상태는 비정상이다.
- 교류전원램프가 점등되어 있으나 전압지시는 정상이므로 수신기 교류전원에는 문제가 없다.

|정답| ②

18 화재의 분류에 대한 설명으로 옳지 않은 것은?

① B급화재는 석유류 화재를 말한다.
② C급화재는 전기기구에서 발생하는 화재로 질식소화가 효과적이다.
③ K급화재는 주방에서 발생하는 식용유 화재로 비누화작용과 냉각작용으로 소화한다.
④ A급화재는 목재, 섬유와 같은 가연물에 발생하는 화재로 연소 후 재가 남지 않는다.

해설
A급화재는 목재, 섬유와 같은 가연물에 발생하는 일반화재로 연소 후 재가 남는다.

|정답| ④

19 다음 중 제1류 위험물에 대한 설명으로 옳지 않은 것은?

① 비중은 1보다 작고 물에 녹는 것도 있다.
② 강산화제로 다량의 산소를 함유하고 있다.
③ 충격, 가열 등에 의해 분해하여 산소를 방출한다.
④ 알칼리금속의 과산화물은 물과 반응하여 발열하므로 건조사를 이용한 질식소화를 한다.

해설
제1류 위험물은 산화성 고체로, 비중은 대부분 1보다 크고 물에 녹는 것도 있다.

|정답| ①

20 다음 중 유류 취급 시 주의사항으로 적절하지 않은 것은?

① 이동식 석유난로는 이용 시 고정하여 사용한다.
② 불이 붙은 상태에서 석유난로를 이동하지 않는다.
③ 기름을 주입할 때는 반드시 난롯불을 끈 후 연료를 주입한다.
④ 유류가 들어 있던 빈 드럼통을 확인하기 위해 라이터를 사용한다.

해설
유류가 들어 있던 드럼통에는 잔류 유증기가 남아 있을 수 있으므로, 불꽃을 가까이하면 폭발 위험이 있다.

|정답| ④

21 다음 중 가연성 증기의 연소범위에 대한 설명으로 옳은 것은?

① 연소범위가 넓을수록 위험하다.
② 연소하한계가 높을수록 위험하다.
③ 연소상한계가 낮을수록 위험하다.
④ 온도나 압력이 낮을수록 위험하다.

해설
• 연소범위란 가연성 증기와 공기와의 혼합 상태, 즉 가연성 혼합기가 연소할 수 있는 범위를 말한다.
• 가연성 증기가 공기 중에서 연소할 수 있는 농도 범위가 넓다면, 더 많은 상황에서 화재나 폭발이 일어날 가능성이 높다. 이는 아주 작은 농도 변화에도 불이 붙을 수 있음을 의미한다.

|정답| ①

22 액화천연가스(LNG)에 대한 설명으로 옳은 것은?

① 주성분은 메탄(메테인)이다.
② 누출 시 낮은 곳에 체류한다.
③ 증기비중은 1.5~2로 공기보다 무겁다.
④ 용도는 가정용, 공업용, 자동차 연료용이다.

해설
액화천연가스(LNG)의 주성분은 메탄(CH_4)이다. 나머지는 액화석유가스(LNG)에 대한 설명이다.

꼼꼼 문제분석
연료가스의 종류와 특성

구분	액화석유가스(LPG)	액화천연가스(LNG)
주성분	프로판(C_3H_8), 부탄(C_4H_{10})	메탄(CH_4)
용도	가정용, 공업용, 자동차 연료용	도시가스
비중	1.5~2(누출 시 낮은 곳에 체류)	0.6(누출 시 천장 쪽에 체류)
폭발범위	• 프로판 : 2.1~9.5% • 부탄 : 1.8~8.4%	5~15%

| 정답 | ①

23 건축물 방화구획의 설치기준에 대한 설명으로 옳지 않은 것은?

① 11층 이상의 층은 바닥면적 $200m^2$ 이내마다 구획한다.
② 10층 이하의 층은 바닥면적 $1,000m^2$ 이내마다 구획한다.
③ 11층 이상이고 벽 및 반자의 실내 마감재를 불연재료로 한 경우 $600m^2$ 이내마다 구획한다.
④ 11층 이상이고 스프링클러와 같은 자동식 소화설비를 설치한 경우에는 $600m^2$ 이내마다 구획한다.

해설
11층 이상이고 벽 및 반자의 실내 마감재를 불연재료로 한 경우 $500m^2$ 이내마다 구획한다.

| 정답 | ③

24 다음 중 ( ) 안에 들어갈 내용으로 알맞은 것은?

소화기구의 설치기준에 의해 소화기를 설치할 때 각 층마다 설치하되, 특정소방대상물의 각 부분으로부터 1개의 소화기까지 보행거리가 소형소화기의 경우 ( )m 이내, 대형소화기의 경우 ( )m 이내가 되도록 배치한다.

① 10, 20
② 20, 30
③ 30, 40
④ 40, 50

해설

소화기의 종류별 능력단위 및 보행거리

종류		능력단위	보행거리
소형소화기		1단위 이상	20m 이내
대형소화기	A급	10단위 이상	30m 이내
	B급	20단위 이상	

| 정답 | ②

25 다음에서 설명하는 장치로 옳은 것은?

- 압력챔버 내 수압의 변화를 감지하여 설정된 펌프의 기동·정지점이 될 때 펌프를 자동으로 기동·정지한다.
- 압력챔버 상부의 공기가 완충작용을 하여 공기의 압축 및 팽창으로 인하여 급격한 압력변화를 방지한다.

① 압력스위치
② 엑셀레이터
③ 릴리프밸브
④ 기동용 수압개폐장치

해설

기동용 수압개폐장치(압력챔버, 전자식 압력스위치)
펌프방식 중 자동기동 방식에서 사용하는 장치로 배관 내 압력 변화를 감지해 자동으로 펌프를 기동 또는 정지시키는 역할을 수행한다.

| 정답 | ④

26 소화기의 지시압력계에 대한 설명으로 옳지 않은 것은?

① 지시압력계는 녹색범위에 있어야 정상이다.
② 지시압력계의 노란색 부분은 소화기 내의 압력이 부족한 것이다.
③ 지시압력계가 노란색 부분일 때 소화약제를 정상적으로 방출할 수 있다.
④ 지시압력계가 빨간색 부분에 있으면 과압을 나타낸다.

해설
소화기의 지시압력계

노란색(황색)	녹색	적색
압력 부족	압력 정상	압력 높음

|정답| ③

27 가압송수장치 중 수조 대신 압력탱크를 설치하여 물을 공급하고 압축공기를 충전하여 가압송수하는 방식으로 탱크의 설치위치에 구애받지 않는 장점이 있는 방식은?

① 펌프방식
② 고가수조방식
③ 압력수조방식
④ 가압수조방식

해설
가압송수장치

펌프방식	• 기동용 수압개폐장치 • 전동기(모터) 또는 엔진에 연결된 펌프를 이용해 가압 및 송수가 이뤄지며 옥내소화전설비 전용 펌프 사용이 원칙
고가수조방식	• 자연낙차압 이용 • 최고층 소화전에 규정 방수압을 확보할 수 있을 만큼 높이에 설치해야 하므로 일반 건물에서는 거의 사용하지 못함
압력수조방식	• 압력수조 내 공기충전하여 수송하는 방식 • 탱크의 설치위치에 구애받지 않음
가압수조방식	• 별도 압력탱크 필요 • 전원이 필요하지 않음

|정답| ③

28 다음 표와 사진을 참고하여 분석한 소화기 상태에 대한 설명으로 옳은 것은?

종별 및 형식	수동식 소화기 이산화탄소 2.3kg(철제)
제조연월	2018.01
방사시간	14초
소화능력단위	B, C
총 중량	8.5kg

① 일반화재에 적합하다.
② 혼(Hone)이 파손되었지만 교체할 필요가 없다.
③ 내용연수가 10년이므로 교체해야 한다.
④ 전기 및 유류화재에 적합한 소화기이다.

해설
이산화탄소소화기의 소화약제
• 주성분 : 이산화탄소(순도 99.5% 이상)
• 적응화재 : BC급(유류화재, 전기화재)
• 소화효과 : 질식·냉각효과

|정답| ④

29 다음 중 소화설비에 관한 설명으로 옳은 것은?

① 폐쇄형 스프링클러설비는 감열체가 없다.
② 할론 1301 소화기에는 지시압력계가 없다.
③ 옥외소화전설비의 방수량은 130L/min이다.
④ 옥내소화전설비의 적정 방수압력은 0.12MPa 이상 0.7MPa 이하이며, 측정 시 피토게이지를 사용한다.

해설
할론 1301 등과 같이 자체 증기압으로 방사되는 경우에는 지시압력계를 제외할 수 있다.

|정답| ②

30 다음 중 습식 스프링클러설비의 작동순서를 옳게 나열한 것은?

> ㉠ 화재 발생
> ㉡ 폐쇄형 헤드 개방 및 방수
> ㉢ 2차 측 배관 압력 저하
> ㉣ 1차 측 압력에 의해 습식 유수검지장치의 클래퍼 개방
> ㉤ 습식 유수검지장치의 압력스위치 작동 → 사이렌 경보, 감시제어반의 화재표시등, 밸브 개방표시등 점등
> ㉥ 배관 내 압력 저하로 기동용 수압개폐장치의 압력스위치 작동 → 펌프 기동

① ㉠ → ㉡ → ㉢ → ㉣ → ㉤ → ㉥
② ㉠ → ㉢ → ㉡ → ㉣ → ㉤ → ㉥
③ ㉠ → ㉣ → ㉤ → ㉢ → ㉡ → ㉥
④ ㉠ → ㉤ → ㉡ → ㉢ → ㉣ → ㉥

해설
습식 스프링클러설비의 작동순서
- 화재 발생
- 폐쇄형 헤드 개방 및 방수
- 2차 측 배관 압력 저하
- 1차 측 압력에 의해 습식 유수검지장치의 클래퍼 개방
- 습식 유수검지장치의 압력스위치 작동 → 사이렌 경보, 감시제어반의 화재표시등, 밸브개방표시등 점등
- 배관 내 압력 저하로 기동용 수압개폐장치의 압력스위치 작동 → 펌프 기동

|정답| ①

31 자동화재탐지설비 음향장치의 설치기준으로 옳지 않은 것은?
① 층마다 설치한다.
② 수평거리 25m 이하가 되도록 설치한다.
③ 지구음향장치는 수신기 내부에 설치한다.
④ 음향의 크기는 1m 떨어진 곳에서 90dB 이상이어야 한다.

해설
주음향장치는 수신기 내부 또는 그 직근에 설치하고, 지구음향장치는 층마다 설치하되, 수평거리 25m 이하가 되도록 설치한다.

|정답| ③

32 다음 중 가스계 소화설비의 점검 전 안전조치를 순서대로 나열한 것은?

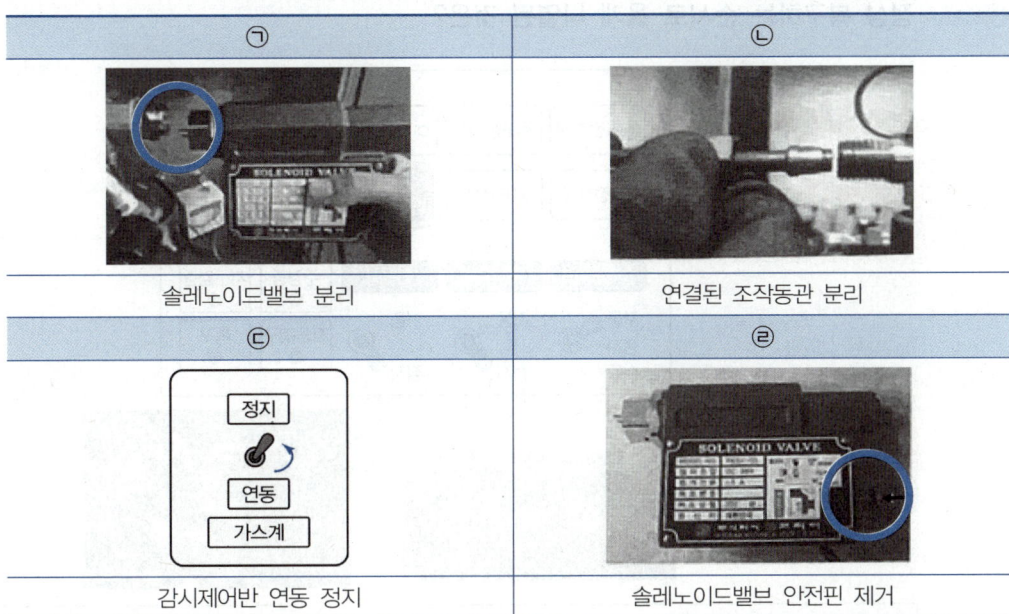

① ㉡ - ㉢ - ㉣ - ㉠
② ㉡ - ㉢ - ㉠ - ㉣
③ ㉡ - ㉠ - ㉢ - ㉣
④ ㉢ - ㉡ - ㉣ - ㉠

해설

가스계 소화설비의 점검 전 안전조치
- 기동용기에서 선택밸브에 연결된 조작동관 분리
- 제어반의 솔레노이드밸브 연동 '정지' 상태에 두기
- 솔레노이드밸브에 연결된 안전핀 체결 → 솔레노이드 분리 → 안전핀 제거

|정답| ②

33 가스계 소화설비 점검 직후 각 구성요소의 상태를 나타낸 것이다. 다음 그림의 상태를 정상 복구하는 순서로 옳게 나열된 것은?

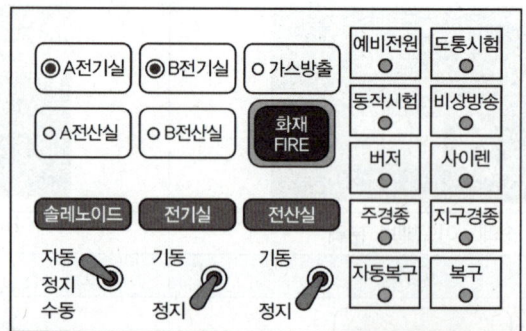

㉠ 제어반 복구 → 제어반의 솔레노이드밸브 연동 정지의 복구스위치
㉡ 솔레노이드밸브 복구
㉢ 솔레노이드밸브에 안전핀을 체결한 후 기동용기에 결합
㉣ 제어반의 스위치가 연동 상태인지 확인 후 솔레노이드밸브에서 안전핀 분리
㉤ 점검 전 분리했던 조작동관 결합

① ㉠ - ㉣ - ㉢ - ㉡ - ㉤
② ㉣ - ㉡ - ㉢ - ㉠ - ㉤
③ ㉠ - ㉢ - ㉡ - ㉤ - ㉣
④ ㉠ - ㉡ - ㉢ - ㉣ - ㉤

해설

점검 후 복구방법

1단계	2단계
제어반의 복구스위치 복구	제어반의 솔레노이드밸브 연동 정지
3단계	4단계
격발된 솔레노이드밸브 복구  →  솔레노이드밸브 작동 후 / 솔레노이드밸브 복구 (칩 길이 짧아짐)	솔레노이드밸브에 안전핀을 체결 후 기동용기에 결합
5단계	6단계
제어반의 스위치를 연동 상태 확인 후 솔레노이드밸브에서 안전핀 분리	점검 전 분리했던 조작동관 결합

|정답| ④

34 소화활동설비 중 고층 건물에 설치하여 소방대가 건물 내 소화 작업 시 외부의 송수구에서 물을 공급하여 사용하는 설비는?

① 제연설비
② 연결살수설비
③ 연결송수관설비
④ 비상콘센트설비

해설
연결송수관설비는 고층 건물에 설치하여 소방대가 건물 내 소화 작업 시 외부의 송수구에서 물을 공급하여 사용하는 설비이다.

|정답| ③

35 개방형 헤드를 사용하는 일제살수식 스프링클러설비의 장단점으로 적절하지 않은 것은?

① 화재진압이 빠르다.
② 동파의 우려가 있는 장소에는 부적당하다.
③ 감지기 오동작으로 인한 물의 피해가 크다.
④ 감지기를 설치해야 하므로 경비가 많이 소요된다.

해설
동파의 우려가 있는 장소에서 부적당한 것은 습식 스프링클러설비이다.

꼼꼼 문제분석
일제살수식 스프링클러설비

개념	일제개방밸브를 중심으로 1차 측은 가압수, 2차 측은 대기압 상태이며 감지기 작동 시 일제개방밸브가 개방되고 담당구역의 모든 헤드에서 일제히 살수되는 방식
장점	• 초기화재에 신속 대처 용이 • 층고가 높은 장소에서도 소화 가능
단점	• 대량 살수로 수손피해 우려 • 화재감지장치 별도 필요

|정답| ②

36 휴대용 비상조명등의 설치기준에 대한 설명으로 옳지 않은 것은?

① 건전지를 사용할 경우 방전방지조치를 해야 한다.
② 충전식 배터리의 경우 상시 충전되는 구조이어야 한다.
③ 어둠 속에서 위치를 확인할 수 있고, 사용 시 작동으로 점등되는 구조이어야 한다.
④ 숙박시설, 다중이용업소의 경우 1개 이상 설치해야 하며, 용량은 60분 이상 유효하게 작동되어야 한다.

해설

휴대용 비상조명등 설치기준
- 숙박시설 또는 다중이용업소에는 객실 또는 영업장 안의 구획된 실마다 잘 보이는 곳에 설치한다.
- 20분 이상 유효하게 사용할 수 있는 건전지 및 배터리를 사용한다.

|정답| ④

37 공연장 객석통로의 직선 부분 길이가 50m인 경우 객석유도등을 몇 개 설치해야 하는가?

① 11개　　② 12개
③ 20개　　④ 25개

해설

객석유도등 설치 개수 $= \dfrac{\text{객석통로의 직선 부분 길이(m)}}{4} - 1$

$= \dfrac{50\text{m}}{4} - 1 = 12$개(소수점 올림)

|정답| ②

38 다음 중 자동화재탐지설비의 주요 구성요소가 아닌 것은?

① 감지기　　　　　　　② 수신기
③ 발신기　　　　　　　④ 피난계단

해설
자동화재탐지설비는 감지기, 수신기, 발신기, 음향장치, 표시등, 전원, 배선, 시각경보기, 중계기 등으로 구성된다.

| 정답 | ④

39 다음은 버튼식 P형 수신기 도통시험에 대한 내용이다. 도통시험 버튼을 누르고 각 회선별로 버튼을 눌렀을 때 결과를 판정하는 방법으로 적절한 것은?

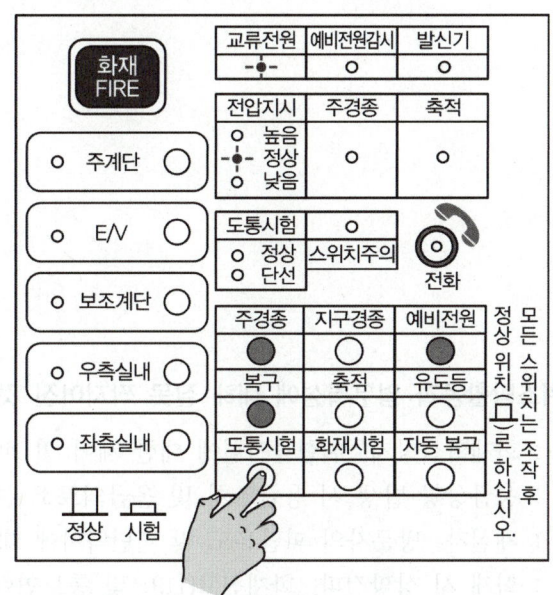

① 주계단 버튼을 누르면 녹색등이 소등되므로 정상이다.
② E/V 버튼을 누르면 적색등이 점등되므로 정상으로 판단한다.
③ 보조계단 버튼을 누르면 교류전원이 소등되므로 정상이다.
④ 우측실내 버튼을 누르면 도통시험 확인등이 녹색이므로 정상이다.

해설
버튼식 P형 수신기 도통시험에서 경계구역별로 버튼을 눌렀을 때 정상이면 녹색등, 단선이면 적색등으로 표시된다.

| 정답 | ④

40 초기대응체계의 인원편성에 관한 내용으로 틀린 것은?

① 소방안전관리보조자를 운영책임자로 지정한다.
② 소방안전관리대상물의 근무자의 위치, 근무인원 등을 고려하여 편성한다.
③ 초기대응체계 인원편성 시 3명 이상은 수신반(또는 종합방재실)에 근무해야 한다.
④ 휴일 및 야간에 무인경비시스템을 통해 감시하는 경우 무인경비회사와 바상연락체계를 구축할 수 있다.

해설
자위소방대 인력편성 중 초기대응체계의 인원편성

초기대응체계의 인원편성	• 소방안전관리보조자, 경비(보안) 근무자 또는 대상물 관리인 등 상시 근무자를 중심으로 구성 • 소방안전관리대상물의 근무자의 근무위치, 근무인원 등을 고려하여 편성 • 초기대응체계 편성 시 1명 이상은 수신반(또는 종합방재실)에 근무해야 하며 화재 상황에 대한 모니터링 또는 지휘통제가 가능해야 함 • 휴일 및 야간에 무인경비시스템을 통해 감시하는 경우에는 무인경비회사와 비상연락체계를 구축할 수 있음

| 정답 | ③

41 다음 중 자위소방활동과 업무특성에 대해 잘못 짝지어진 것은?

① 초기소화 : 화재확산방지, 위험물시설에 대한 제어 및 비상반출
② 응급구조 : 응급상황 발생 시 응급조치 및 응급의료소 설치·지원
③ 피난유도 : 재실자, 방문자의 피난유도 및 피난약자에 대한 피난보조 활동
④ 비상연락 : 화재 시 상황전파, 화재신고(119) 및 통보연락 업무

해설
자위소방활동과 업무특성

비상연락	화재 시 상황전파, 화재신고(119) 및 통보연락 업무
초기소화	초기소화설비를 이용한 조기 화재집압
응급구조	응급상황 발생 시 응급조치 및 응급의료소 설치·지원
방호안전	화재확산방지, 위험물시설에 대한 제어 및 비상반출
피난유도	재실자, 방문자의 피난유도 및 피난약자에 대한 피난보조 활동

| 정답 | ①

42 화재 시 일반적인 피난행동으로 옳지 않은 것은?

① 유도등, 유도표지를 따라 대피한다.
② 아래층으로 대피할 수 없는 때에는 옥상으로 대피한다.
③ 엘리베이터를 이용하여 신속히 옥외로 대피한다.
④ 연기 발생 시 낮은 자세로 이동하고, 코와 입을 마른 수건 등으로 막아 연기를 마시지 않도록 한다.

해설

화재 시 일반적인 피난행동
- 엘리베이터는 절대 이용하지 않도록 하며 계단을 이용해 옥외로 대피한다.
- 아래층으로 대피가 불가능한 때에는 옥상으로 대피한다.
- 아파트의 경우 세대 밖으로 나가기 어려울 경우 세대 사이에 설치된 경량칸막이를 통해 옆 세대로 대피하거나 세대 내 대피공간으로 대피한다.
- 유도등, 유도표지를 따라 대피한다.
- 연기 발생 시 최대한 낮은 자세로 이동하고, 코와 입을 젖은 수건 등으로 막아 연기를 마시지 않도록 한다.
- 출입문을 열기 전 문 손잡이가 뜨거우면 문을 열지 말고 다른 길을 찾는다.
- 옷에 불이 붙었을 때에는 눈과 입을 가리고 바닥에서 뒹군다.
- 탈출한 경우에는 절대로 다시 화재 건물로 들어가지 않는다.

| 정답 | ③

43 응급처치의 일반원칙에 대한 설명으로 옳지 않은 것은?

① 긴박한 상황에서도 구조자는 자신의 안전을 최우선으로 한다.
② 응급처치 시 사전에 보호자 또는 당사자의 이해와 동의를 얻지 않아도 된다.
③ 환자의 상태를 관찰하고 모든 손상을 발견하여 처치하되 불확실한 처치는 하지 않는다.
④ 119 구급차의 경우 전국 어느 곳에서 무료이나, 사설 병원의 구급차는 일정 요금을 징수한다.

해설

응급처치 시 사전에 보호자 또는 당사자의 이해와 동의를 얻어 실시하는 것을 원칙으로 한다.

| 정답 | ②

44 다음의 응급처치의 체계도에서 (ㄱ), (ㄴ)에 들어갈 알맞은 말을 고르시오.

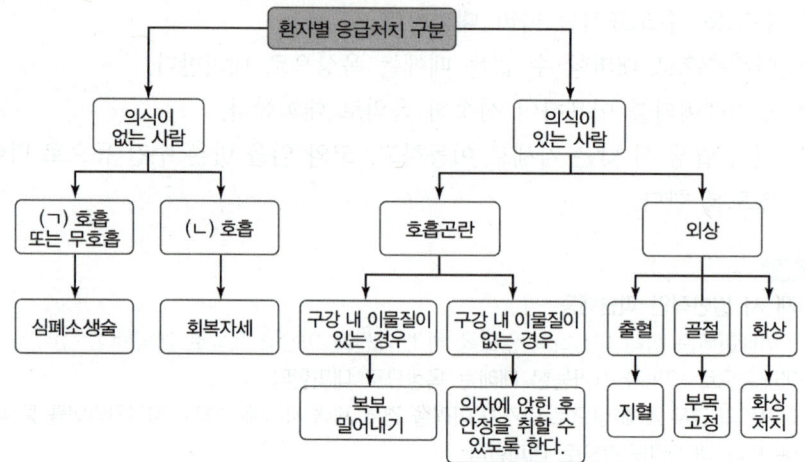

① (ㄱ) : 비정상, (ㄴ) : 정상
② (ㄱ) : 정상,　 (ㄴ) : 비정상
③ (ㄱ) : 비정상, (ㄴ) : 비정상
④ (ㄱ) : 정상,　 (ㄴ) : 정상

해설

응급처치 체계도

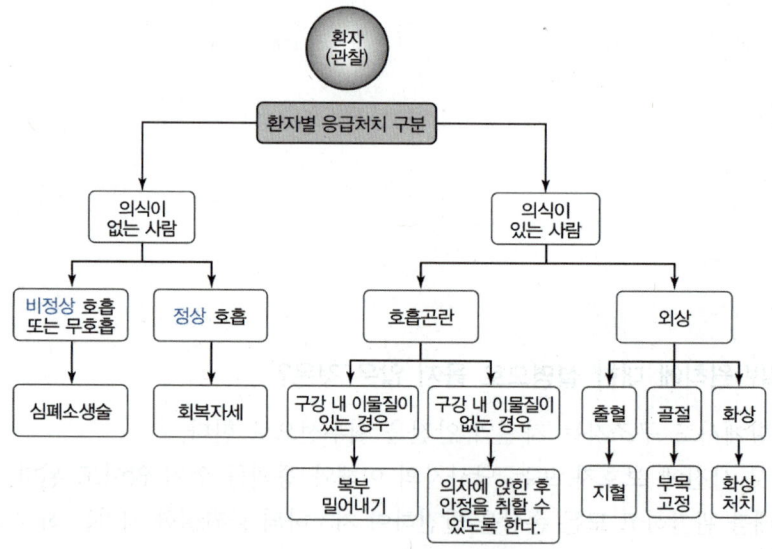

|정답| ①

45 화상의 분류 중 부분층화상(2도 화상)에 대한 설명으로 옳은 것은?

① 피부 전층이 손상된다.
② 피하지방과 근육층까지 손상된다.
③ 심한 통증과 발적, 수포가 발생한다.
④ 피부는 가죽처럼 매끈하고 회색이나 검은색으로 변한다.

해설	
부분층화상 (2도 화상)	• 피부의 두 번째 층까지 화상으로 손상되어 심한 통증과 발적, 수포가 발생하므로 표피가 얼룩덜룩하게 됨 • 진피의 모세혈관이 손상되며 물집이 터져 진물이 나고 감염의 위험이 있음

| 정답 | ③

46 심폐소생술을 시행할 때 성인의 경우 가슴압박은 분당 몇 회의 속도로 실시해야 하는가?

① 분당 60 ~ 80회의 속도
② 분당 80 ~ 100회의 속도
③ 분당 100 ~ 120회의 속도
④ 분당 120 ~ 140회의 속도

해설
일반인 심폐소생술 시행방법
반응 확인 → 119 신고 → 호흡 확인 → 가슴압박 30회 시행(성인의 경우 분당 100 ~ 120회) → 인공호흡 2회 시행 → 가슴압박과 인공호흡의 반복 → 회복자세

| 정답 | ③

47 소방계획의 주요 원리 중 ( ) 안에 들어갈 내용으로 옳은 것은?

주요원리	주요 내용
( )	• 모든 형태의 위험을 포괄 • 재난의 전주기적(예방·대비 → 대응 → 복구) 단계의 위험성 평가

① 종합적 안전관리
② 통합적 안전관리
③ 지속적 안전관리
④ 융합적 안전관리

해설
소방계획의 주요 원리 중 종합적 안전관리에 대한 내용이다.

| 정답 | ①

48 소방계획의 주요 내용으로 볼 수 없는 것은?

① 화재특별조사에 관한 사항
② 소방훈련·교육에 관한 사항
③ 위험물의 저장·취급에 관한 사항
④ 화재예방을 위한 자체점검계획 및 대응대책

해설
화재특별조사에 관한 사항은 소방계획의 주요 내용에 해당하지 않는다.

|정답| ①

49 로터리 방식의 P형 수신기의 동작시험을 하고자 할 때 스위치 조작 순서로 옳은 것은?

① 회로시험스위치 돌림 → 동작시험스위치 누름 → 자동복구스위치 누름
② 동작시험스위치 누름 → 회로시험스위치 돌림 → 자동복구스위치 누름
③ 자동복구스위치 누름 → 동작시험스위치 누름 → 회로시험스위치 돌림
④ 동작시험스위치 누름 → 자동복구스위치 누름 → 회로시험스위치 돌림

해설
- 동작시험 순서 : 동작시험스위치 누름 → 자동복구스위치 누름 → 회로시험스위치 돌림
- 동작시험 복구순서 : 회로시험스위치 돌림 → 동작시험스위치 누름 → 자동복구스위치 누름

|정답| ④

50 스프링클러설비의 규정 방수량과 방수압력은?

① 80L/min·개, 0.1~0.7MPa
② 80L/min·개, 0.1~1.2MPa
③ 130L/min·개, 0.1~0.7MPa
④ 130L/min·개, 0.1~1.2MPa

해설
스프링클러설비의 방수량과 방수압력
- 방수량 : 80L/min 이상
- 방수압력 : 0.1~1.2MPa

|정답| ②

PART 03

최빈출 기출 30제

최빈출 기출 30제

빈출 01 [2025] [2018]

다음 중 소방기본법의 목적으로 옳지 않은 것은?

① 화재를 예방·경계 및 진압
② 국민의 생명·신체 및 재산을 보호
③ 사회의 질서유지와 기업의 복리증진에 이바지
④ 화재, 재난·재해, 그 밖의 위급한 상황에서 구조·구급활동

소방기본법은 화재를 예방·경계하거나 진압하고 화재, 재난·재해, 그 밖의 위급한 상황에서의 구조·구급활동 등을 통하여 국민의 생명·신체 및 재산을 보호함으로써 공공의 안녕 및 질서 유지와 복리증진에 이바지함을 목적으로 한다.

빈출 02 [2025] [2019]

소방기본법상 100만원 이하의 벌금에 해당하지 않는 것은?

① 정당한 사유 없이 피난명령을 위반한 자
② 정당한 사유 없이 소방대의 생활안전활동을 방해한 자
③ 불이 번질 우려가 있는 소방대상물 및 토지의 강제처분을 방해한 자
④ 정당한 사유 없이 소방대가 현장에 도착할 때까지 인명구출 및 화재진압 등 조치를 하지 않은 소방대상물 관계인

불이 번질 우려가 있는 소방대상물 및 토지의 강제처분을 방해한 자 : 3년 이하의 징역 또는 3천만원 이하의 벌금

빈출 03 [2023] [2019]

소방안전관리대상물의 작동점검 또는 종합점검 결과를 몇 년간 자체 보관해야 하는가?

① 1년
② 2년
③ 3년
④ 4년

자체점검(작동점검 또는 종합점검)을 실시한 자는 점검결과를 2년간 보관해야 한다.

빈출 04 [2025] [2024] [2020] [2019]

다음 중 화재의 분류로 옳지 않은 것은?

① 일반화재 - A급
② 유류화재 - B급
③ 전기화재 - C급
④ 금속화재 - K급

• 금속화재 - D급
• 주방화재 - K급

빈출 05 [2022] [2019] [2018]

제조 또는 가공공정에서 방염처리를 한 물품으로 옳지 않은 것은?

① 두께가 2mm 미만인 종이 벽지류
② 창문에 설치하는 커튼류(블라인드 포함)
③ 암막, 무대막(영화상영관, 골프연습장의 스크린 포함)
④ 섬유류 또는 합성수지류 등이 원료인 소파, 의자(단란주점영업, 유흥주점영업, 노래연습장업만 해당)

제조 또는 가공공정에서 방염처리를 한 물품으로 벽지류 중 두께가 2mm 미만인 종이 벽지는 제외한다.

빈출 06 [2025] [2024] [2019]

건축물 사용승인일이 2025년 1월 30일이라면 종합점검 시기와 작동점검 시기를 순서대로 바르게 나열한 것은?

① 종합점검 시기 : 1월, 작동점검 시기 : 7월
② 종합점검 시기 : 6월, 작동점검 시기 : 12월
③ 종합점검 시기 : 4월, 작동점검 시기 : 10월
④ 종합점검 시기 : 3월, 작동점검 시기 : 9월

종합점검은 사용승인 달에 실시하므로 1월에, 작동점검은 종합점검을 받은 달부터 6개월이 되는 달에 실시하므로 7월에 실시한다.

빈출 07 [2025] [2024] [2021] [2020]

다음 중 방염성능기준 이상의 실내장식물 등을 설치해야 하는 장소가 아닌 것은?

① 의료시설
② 노유자 시설
③ 다중이용업소
④ 층수가 11층 이상인 아파트

방염성능기준 이상의 실내장식물 등을 설치해야 하는 특정소방대상물에서 층수가 11층 이상인 것 중 아파트는 제외한다.

빈출 08 [2021] [2020]

화재안전조사 결과에 따른 조치명령 사항이 아닌 것은?

① 재축명령
② 개수명령
③ 제거명령
④ 이전명령

화재안전조사 결과에 따른 조치명령
• 소방대상물의 개수·이전·제거
• 사용의 금지 또는 제한
• 사용폐쇄
• 공사의 정지 또는 중지

빈출 09 [2022] [2019]

무창층에 대한 설명으로 틀린 것은?

① 개구부의 면적 합계가 해당 층 바닥면적의 1/30 이하가 되는 층을 말한다.
② 크기는 지름 50cm 이하의 원이 통과할 수 있어야 한다.
③ 내부 또는 외부에서 쉽게 부수거나 열 수 있어야 한다.
④ 도로 또는 차량이 진입할 수 있는 빈터를 향해야 한다.

크기는 지름 50cm 이상의 원이 통과할 수 있어야 한다.

빈출 10 [2024] [2022] [2018]

전기화재의 주요 화재원인이 아닌 것은?

① 전선의 합선(단락)에 의한 발화
② 누전에 의한 발화
③ 과전류(과부하)에 의한 발화
④ 누전차단기 고장

누전차단기는 전기설비에 문제가 생겼을 때 전기를 차단해주는 보호장치이다. 고장이 나면 화재를 예방하지 못할 수는 있지만, 직접적으로 화재의 원인이 되지는 않는다. 즉, 화재를 유발하는 주원인이 아니라, 화재가 커지는 원인이 될 수 있는 보조적 요인이다.

빈출 11 [2024] [2022] [2020] [2019]

다음의 설명 중 옳은 것은? (단, 해당 소방안전관리자 자격증을 받은 경우이다)

- 업무시설로 연면적 40,000m²
- 지하 1층, 지상 5층
- 3층에 옥내소화전설비가 설치되어 있음

① 소방안전관리자 1명, 소방안전관리보조자 3명이 필요하다.
② 위 건물은 관리의 권원이 분리된 특정소방대상물의 소방안전관리자가 필요하다.
③ 소방공무원으로 7년 이상 된 경력자가 선임 자격이 있다.
④ 가연성 가스를 100톤 이상 1,000톤 미만 저장, 취급하는 시설과 같은 소방안전관리자 선임대상물이다.

1급 소방안전관리대상물에 대한 내용으로, 소방공무원으로 7년 이상 근무한 경력이 있는 사람은 선임자격이 있다.

빈출 12 [2023] [2022] [2021] [2018]

액화석유가스(LPG)에 대한 설명으로 적절하지 않은 것은?

① 주성분은 프로판, 부탄이다.
② 누출 시 천장 쪽에 체류한다.
③ 증기비중은 1.5 ~ 2로 공기보다 무겁다.
④ 용도는 가정용, 공업용, 자동차 연료용이다.

액화석유가스(LPG)는 증기비중이 1.5 ~ 2로 공기보다 무거워 누출 시 낮은 곳에 체류하고, 액화천연가스(LNG)는 증기비중이 0.6으로 공기보다 가벼워 누출 시 천장 쪽에 체류한다.

빈출 13 [2023] [2021]

예비전원시험스위치를 눌렀을 때 측정되는 정상 전압계의 범위로 옳은 것은?

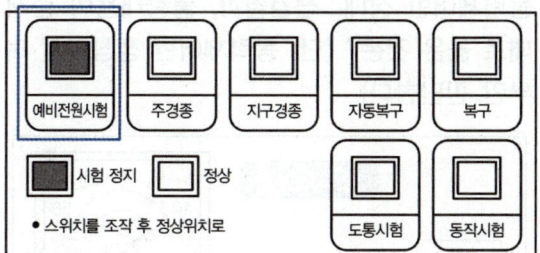

① 5 ~ 10[V] ② 0 ~ 5[V]
③ 12 ~ 24[V] ④ 19 ~ 29[V]

예비전원시험스위치를 눌렀을 때 전압계인 경우 전압범위가 약 19 ~ 29[V]이면 정상이다.

빈출 14 [2020] [2018]

소화기의 지시압력계에 대한 설명으로 옳지 않은 것은?

① 지시압력계는 녹색범위에 있어야 정상이다.
② 지시압력계의 노란색 부분은 소화기 내의 압력이 부족한 것이다.
③ 지시압력계가 노란색 부분일 때 소화약제를 정상적으로 방출할 수 있다.
④ 지시압력계가 빨간색 부분에 있으면 과압을 나타낸다.

소화기의 지시압력계

노란색(황색)	녹색	적색
압력 부족	압력 정상	압력 높음

빈출 15 [2024] [2019] [2018]

스프링클러설비의 규정 방수량과 방수압력은?

① 80L/min · 개, 0.1 ~ 0.7MPa
② 80L/min · 개, 0.1 ~ 1.2MPa
③ 130L/min · 개, 0.1 ~ 0.7MPa
④ 130L/min · 개, 0.1 ~ 1.2MPa

스프링클러설비의 방수량과 방수압력
• 방수량 : 80L/min 이상
• 방수압력 : 0.1 ~ 1.2MPa

빈출 16 [2025] [2024] [2020]

바닥면적 500m²의 근린생활시설에는 ABC급 분말소화기를 몇 단위로 비치해야 하는가? (단, 이 건물은 스프링클러가 설치되어 있다)

① 1단위 ② 5단위
③ 10단위 ④ 15단위

근린생활시설에 비치하는 소화기구의 능력단위는 바닥면적 100m²마다 1단위 이상으로 하므로 $\frac{500m^2}{100m^2}$ = 5단위이다.

빈출 17 [2022] [2020] [2019]

다음은 옥외소화전의 설치기준이다. ( ) 안에 알맞은 것은?

> 소방대상물의 각 부분으로부터 호스접결구까지의 수평거리가 (㉠) 이하가 되도록 설치해야 하며, 호스는 구경 (㉡)의 것으로 해야 한다.

① ㉠ : 25m, ㉡ : 40mm
② ㉠ : 40m, ㉡ : 40mm
③ ㉠ : 25m, ㉡ : 65mm
④ ㉠ : 40m, ㉡ : 65mm

옥외소화전의 호스접결구는 특정소방대상물의 각 부분으로부터 하나의 호스접결구까지의 수평거리가 40m 이하가 되도록 설치해야 하며, 호스는 구경 65mm의 것으로 해야 한다.

빈출 18 [2024] [2022] [2019]

최상층의 옥내소화전설비 방수압력을 시험하고 있다. 다음 그림을 보고 옥내소화전설비의 동력제어반 상태, 점검결과, 불량내용이 순서대로 옳은 것은? (단, 동력제어반 정상위치 여부만 판단한다)

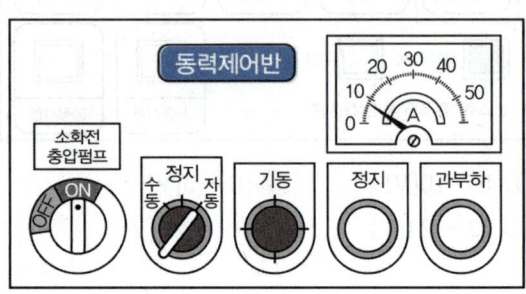

① 펌프수동기동, ×, 펌프 자동 기동불가
② 펌프수동기동, ○, 이상 없음
③ 펌프자동기동, ○, 이상 없음
④ 펌프자동기동, ×, 알 수 없음

- 동력제어반 선택스위치가 자동이고, 기동램프가 점등되어 있다.
- 점검결과 불량내용이 이상 없으므로 점검결과는 ○이고, 불량내용은 이상 없음이다.

빈출 19 [2022] [2020] [2018]

객석통로의 직선 부분의 길이가 30m일 때, 객석유도등의 최소 설치개수는?

① 4개   ② 6개
③ 7개   ④ 10개

객석유도등의 설치개수
$= \dfrac{\text{객석통로의 직선 부분 길이(m)}}{4} - 1$
$= \dfrac{30\text{m}}{4} - 1 = 7개(소수점 올림)$

빈출 20 [2022] [2019]

분말소화기의 내용연수로 옳은 것은?

① 3년   ② 5년
③ 7년   ④ 10년

소화기의 내용연수는 10년으로 하고 내용연수가 지난 제품은 교체 또는 성능확인을 받을 것

빈출 21 [2023] [2022] [2019]

가스계 소화설비 중 기동용기함의 각 구성요소를 나타낸 것이다. 가스계 소화설비 작동점검 전 가장 우선해야 하는 안전조치로 옳은 것은?

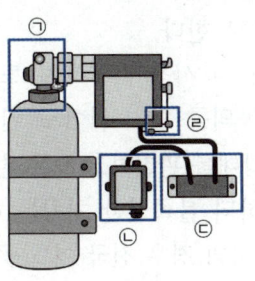

① ㉠의 연결부분을 분리한다.
② ㉡의 압력스위치를 당긴다.
③ ㉢의 단자에 배선을 연결한다.
④ ㉣의 안전핀을 체결한다.

솔레노이드밸브에 연결된 안전핀 체결 → 솔레노이드 분리 → 안전핀 제거

빈출 22 [2020] [2019]

의료시설의 3층에 피난기구를 설치하고자 할 때 적응성이 없는 것은?

① 구조대 ② 피난교
③ 피난용 트랩 ④ 간이완강기

의료시설 피난기구의 적응성

3층	미끄럼대, 구조대, 피난교, 피난용 트랩, 다수인 피난장비, 승강식 피난기
4층 이상 10층 이하	구조대, 피난교, 피난용 트랩, 다수인 피난장비, 승강식 피난기

빈출 23 [2025] [2023] [2020]

소방교육 및 훈련의 실시원칙에 해당하지 않는 것은?

① 경험의 원칙
② 현실의 원칙
③ 관련성의 원칙
④ 교육자 중심의 원칙

교육자 중심의 원칙이 아니라 학습자 중심의 원칙이다.

빈출 24 [2025] [2023] [2021] [2020]

소방계획의 수립 절차는 4단계로 구성된다. 다음 중 2단계(위험환경 분석)의 내용에 해당하는 것을 모두 고른 것은?

㉠ 위험환경 식별
㉡ 위험환경 분석·평가
㉢ 위험환경 목표·전략 수립
㉣ 위험환경 경감대책 수립

① ㉠, ㉣ ② ㉡, ㉢, ㉣
③ ㉠, ㉡, ㉣ ④ ㉡, ㉣

2단계(위험환경 분석) : 위험환경 식별 → 위험환경 분석/평가 → 위험경감대책 수립

빈출 25 `2025` `2020`

다음 중 출혈의 증상으로 볼 수 없는 것은?

① 반사작용이 둔해진다.
② 혈압이 저하되고, 피부가 창백해진다.
③ 체온이 떨어지고 호흡곤란도 나타난다.
④ 호흡과 맥박이 느리고 약하며 불규칙적이다.

출혈의 증상으로 호흡과 맥박이 빠르고 약하며 불규칙하고, 체온이 떨어지고 호흡곤란도 나타난다.

빈출 26 `2022` `2018`

응급처치의 일반원칙에 대한 설명으로 옳지 않은 것은?

① 긴박한 상황에서도 구조자는 자신의 안전을 최우선으로 한다.
② 응급처치 시 사전에 보호자 또는 당사자의 이해와 동의를 얻지 않아도 된다.
③ 환자의 상태를 관찰하고 모든 손상을 발견하여 처치하되 불확실한 처치는 하지 않는다.
④ 119 구급차의 경우 전국 어느 곳에서 무료이나, 사설 병원의 구급차는 일정 요금을 징수한다.

응급처치 시 사전에 보호자 또는 당사자의 이해와 동의를 얻어 실시하는 것을 원칙으로 한다.

빈출 27 `2024` `2021`

다음 그림에서 자동심장충격기(AED) 사용 시 패드의 부착 위치로 옳게 짝지어진 것은?

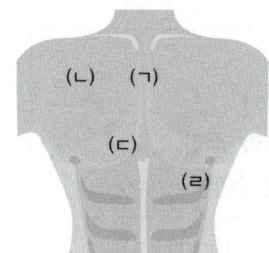

① (ㄱ), (ㄴ)
② (ㄴ), (ㄷ)
③ (ㄴ), (ㄹ)
④ (ㄷ), (ㄹ)

자동심장충격기(AED) 사용 시 패드의 부착 위치
- 패드 1 : 오른쪽 빗장뼈 아래
- 패드 2 : 왼쪽 젖꼭지 아래의 중간겨드랑선

빈출 28 `2024` `2023` `2021` `2018`

심폐소생술 시행 시 가슴압박과 인공호흡의 비율은?

① 20회 : 1회   ② 1회 : 20회
③ 30회 : 2회   ④ 2회 : 30회

반응 확인 → 119 신고 → 호흡 확인 → 가슴압박 30회 시행 → 인공호흡 2회 시행 → 가슴압박과 인공호흡의 반복 → 회복자세

빈출 29 [2025] [2021]

어느 건축물의 바닥면적이 각각 1층에 700m², 2층에 600m², 3층에 300m², 4층에 200m²이다. 이 건축물의 최소 경계구역수는?

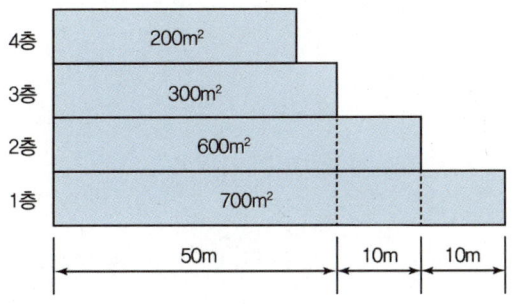

① 2개 ② 3개
③ 4개 ④ 5개

- 1층 : 하나의 경계구역의 면적은 600m² 이하이므로 $\frac{700m^2}{600m^2} = 1.1 = 2개(소수점 올림)$
- 2층 : 하나의 경계구역의 면적은 600m² 이하이지만, 한 변의 길이가 50m를 초과하므로 경계구역은 2개
- 3층, 4층 : 500m² 이하의 범위 안에서는 2개의 층을 하나의 경계구역으로 할 수 있으므로 $\frac{(300+200)m^2}{500m^2} = 1개$

∴ 2 + 2 + 1 = 5개

빈출 30 [2025] [2024] [2023] [2021]

옥내소화전설비의 방수압력 측정조건 및 방법으로 옳은 것은?

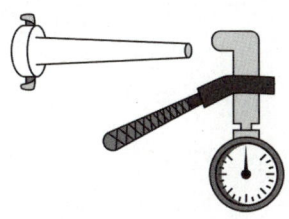

① 반드시 방사형 관창을 이용하여 측정해야 한다.
② 방수압력 측정계는 노즐의 선단에서 근접 (노즐구경의 $\frac{1}{2}$)하여 측정한다.
③ 방수압력 측정 시 정상압력은 0.15MPa 이하로 측정되어야 한다.
④ 방수압력 측정계로 측정할 경우 물이 나가는 방향과 방수압력 측정계의 각도는 상관없다.

방수압력 측정방법 : 방수구에 호스를 결속한 상태로 노즐의 선단에 방수압력 측정계(피토게이지)를 근접(D/2)시켜서 측정하여 방수압력 측정계(피토게이지)의 압력계상의 눈금을 확인한다.

박문각 취밥러 시리즈
소방안전관리자 2급
8개년 기출문제집

초판인쇄	2025. 6. 10
초판발행	2025. 6. 16

저자와의
협의 하에
인지 생략

편 저 자	김연진
발 행 인	박용
출판총괄	김현실
개발책임	이성준
편집개발	김태희, 이보혜
마 케 팅	김치환, 최지희
일러스트	㈜ 유미지

발 행 처	㈜ 박문각출판
출판등록	등록번호 제2019-000137호
주 소	06654 서울시 서초구 효령로 283 서경B/D 4층
전 화	(02) 6466-7202
팩 스	(02) 584-2927
홈페이지	www.pmgbooks.co.kr

ISBN	979-11-7262-659-4
정가	19,000원

이 책의 무단 전재 또는 복제 행위는 저작권법 제 136조에 의거, 5년 이하의 징역 또는 5,000만원 이하의 벌금에 처하거나 이를 병과할 수 있습니다.